知识生产的原创基地

BASE FOR ORIGINAL CREATIVE CONTENT

Raising Your Money-Savvy Family
For Next Generation
Financial Independence

富足一生

十堂亲子财商课

[美] 卡罗尔·皮特纳（Carol Pittner）
道格·诺德曼（Doug Nordman） 著

张晶 译

西苑出版社
XIYUAN PUBLISHING HOUSE
·北京·

图书在版编目（CIP）数据

富足一生：十堂亲子财商课 /（美）卡罗尔·皮特纳，（美）道格·诺德曼著；张晶译．— 北京：西苑出版社，2023.3

ISBN 978-7-5151-0883-4

Ⅰ．①富… Ⅱ．①卡… ②道… ③张… Ⅲ．①财务管理—儿童读物 Ⅳ．① TS976.15-49

中国国家版本馆 CIP 数据核字 (2023) 第 029328 号

Title: Raising Your Money-Savvy Family for Next Generation Financial Independence
By: Doug Nordman & Carol Pittner

Published by arrangement with Write View, through The Grayhawk Agency Ltd.

北京市版权局著作权合同登记号 图字：01-2023-0258号

富足一生：十堂亲子财商课

FUZU YISHENG: SHI TANG QINZI CAISHANG KE

策　　划：颉腾文化
责任编辑：辛小雪
责任印制：陈爱华
出版发行：西苑出版社 XIYUAN PUBLISHING HOUSE
地　　址：北京市朝阳区和平街 11 区 37 号楼　　邮政编码：100013
电　　话：010-88636419
印　　刷：文畅阁印刷有限公司
开　　本：880 mm × 1230 mm　1/32
字　　数：129 千字
印　　张：6.75
版　　次：2023 年 5 月第 1 版
印　　次：2023 年 5 月第 1 次印刷
书　　号：978-7-5151-0883-4
定　　价：59.00 元

（图书如有缺漏页、错页、残破等质量问题，请与出版社联系）

Foreword | 推荐序一

富足一生，润物细无声

——资深财富管理师、财经畅销书作家　槽叔

有些人会赚钱，但不一定会聪明地花钱；有些人既会赚钱，又会聪明地花钱，但他也不敢保证，他的下一代也能拥有这样的能力。

《富足一生》这本书就可以让你的孩子拥有这样的能力。

译者张晶是我的老朋友，我们在金融行业打拼十年有余，虽然天天和理财、投资打交道，但当我们谈及子女的财商教育时，曾一度感到困惑与茫然，颇有点“只缘身在此山中”的感觉。

我女儿今年就要上小学了。摆在我们面前的有两所学校可以选择。一所是家旁边的公立小学，学风淳朴，但硬件条件稍逊一筹。另一所是稍远的民办小学，硬件设施一流，但据说学校内家庭优渥者大有人在，甚至还有攀比的现象。

这着实让我有些犯难。当我像我女儿这么大时，身边的同学大多穿着相似，没有什么区别。大家也都是走路或骑自行车上学，攀比这个词几乎没有在我们的生活中出现过。

读了《富足一生》之后我发现，其实，攀比是一种“人之常情”，并不是洪水猛兽。最重要的是教会孩子正确认识同伴压力，并对消费和金钱建立起基本的概念。我相信一个内心清晰、物质丰盈的家庭借助本书的指导一定能解决这个不大不小的“难题”。

在当今快速发展的中国，《富足一生》对青少年带来的教育意义更加深远。

如果我们借鉴书中的方法论和价值观，早早教会孩子“透支”的概念，让他们对于透支消费的后果有基本的认识，未来会在很大程度上避免盲目借贷的风险，而这也许能拯救一个人的一生。

如果我们尽早教会孩子财务独立的概念，就能有效缓解孩子长大后在工作中的种种焦虑。要知道，当今社会对财务自由的盲目追捧，一定程度也是因为长期在财务独立上的教育缺失——当一个从未熟练使用过财富的人直接接触到财务自由的概念时，很有可能扭曲他的职业发展路径。如果在这当中用“财务独立”的概念做一个巧妙的过渡，很多焦虑可能都会迎刃而解。

当我们向孩子们传递财商知识时，面临的最大困难不是知识的匮乏。相信本书的很多读者也是来自金融、互联网、教育、电商等领域的杰出人才，你们对理财的认知完全属于同辈人中的佼佼者。最大的困难，其实是如何让孩子听懂我们的话。

《富足一生》一直在强调，面向孩子的表达，核心是信任二字。如果一个家长希望通过储蓄习惯让孩子意识到日积月累的价值，那必须和孩子之间建立足够的信任。比如，很多家长会在春节时对孩子说："你的压岁钱爸爸妈妈帮你收起来了哈，这些都是你的钱，你想用随时给你。"但当你说出这句话的时候，其实就等于做出了一个庄重的承诺——当孩子问起一共攒了多少钱时，你必须坦诚地、如实地告诉他；当孩子希望用这些钱买心仪的东西（哪怕是和学习无关的玩具）时，你也必须大大方方地把钱拿出来，因为毕竟你说过："这是你（孩子）的钱。"

陪伴孩子成长，如同阅读一本厚重的经典小说，既感到常读常新，又让人掩卷沉思。而教会孩子和钱打交道、建立财商，更是这段旅途中最重要的组成部分，希望每位读者都可以享受其中，有所收获。

Foreword | 推荐序二

——吉姆·科林斯（JL Collins）

《简单致富》（*The Simple Path to Wealth*）作者

早知道我应该和我的女儿杰西卡一起写这本书的。

这个想法不那么高尚，但我必须承认这的确是我得知道格和他的女儿卡罗尔一起写这本书时的第一反应。

毕竟，道格和卡罗尔这种交互式章节的写作方法是一种非常巧妙的操作。

卡罗尔和杰西卡年龄相仿，因此我知道这本书会很有市场。我曾看过杰西卡为财富自由社群做分享，主题是关于如何与我这个父亲一起成长。出乎我意料的是，这些分享不仅吸引了家有幼童的父母，还吸引了其他年龄段孩子的父母和那些已经长大成人的孩子，甚至吸引了一些祖父母、年轻夫妻和还没有子女的单身贵族们。

总而言之，有孩子的、没孩子的、即将有孩子的或者孩子已经长大了的人都可以来听这些分享。甚至曾经是孩子的我们也可以来听听并且思考一下我们在为人父母时在财商教育的哪些方面还可以做得更好一些。

而且，如果你迷失了方向并且不知如何是好，那么这本书适合任何人。培养善于理财的孩子，对于广大读者不仅仅是一个热门话题，更是我们所有人都需要的重要知识。

当我拿着这本书的底稿开始阅读时，我彻底意识到我是写不出这本书的。

其一，道格在教她女儿这些睿智财商课程时比我做得好多了。毕竟我女儿做的那些分享，大多数都是关于我哪里做错了以及我们如何（还好可以）修正那些错误。

其二，道格和卡罗尔在这本书里展示了一系列的步骤、技巧，以及那些对父母和孩子同样适用的方法。这本书把我们带回到了卡罗尔从小学升至中学、大学并且长大成人的成长旅途。

我一边看一边嘀咕："这个想法太棒了，真希望当时我也能想得到。25 年前怎么没有这本书？"

这真是一本实操性很强的指南。

你可能时常会想，什么时候开始教孩子关于金钱的东西呢？答案是当他们不再啃咬硬币的时候就可以开始啦。

让孩子被 25 美分的硬币噎住不应该成为他们关于金钱的第一堂课，我们最好还是等到孩子可以和硬币安全共处时再开始比较合适。当他们不再把硬币塞入嘴里的时候，这些小小的、圆圆的金属片就变成了非常棒的数字和学习的教具。请看卡罗尔分享难忘的一堂课程：极易丢失的硬币。

如果你觉得这挺简单的，那么教给孩子这些课程也不会有那么复杂。硬币，广义来说是金钱本身，确实非常容易被花掉。

紧接着就可以教孩子：金钱和商品交换的最佳处理方法；不同的购买决策如何带来不同的后果；并不是所有商品

都是值得购买的；千金散尽不复还；不论是好是坏，要“买得其所”。

当然了，孩子肯定会在消费的过程中犯错误。这是重点，也是好事儿。孩子在父母的监督下，犯一些几乎没有风险的错误，显然更安全或伤害更小。

这个错误可能是一个简单而深刻的教训，可以给孩子们一个有形的价值标准来衡量他们选择购买的东西。

另一个我希望我过去就知道的教训是：“父母监督的视角”需要同时是非批判性的视角。孩子们注定要自己犯一些错误，才能从中成长。

让他们用自己的学习经历践行并超越我们的言传身教吧。

我们曾经给过女儿一笔零花钱，并且效果不错，但如果我提前阅读了本书的第三章：统筹零花钱、家务和工作，效果肯定会更好。单单理解家务和工作的区别这一项就值回了这本书的“票价”。

“儿童 401K 储蓄账户”这个概念让我灵光一闪，真希望我当时也能想到，至少能读到。

有了这些以及其他书中提到的概念，我们就可以理解父母与孩子的不同视角。最吸引我的是看卡罗尔描述她小时候如何看待这些事情，以及她成年后对这些事情的有趣见解。

这些早期的意识构建使他们可以更好地过渡到现实世界去应对各种财务活动：操作银行账户、ATM 机、储蓄卡、退休账户、雇员投资账户、收益率、股票、指数基金、购物、信用卡、税务、汽车，并让他们理解财务自由的意义。

通过这本书，我们可以看到随着年龄的增长，卡罗尔在理解力和责任感上的成长。和我一起阅读她成长过程中遇到的艰难和忧虑并最终踏上通往成功道路的故事吧。

我一边写这本书的推荐序一边回顾，我和女儿也做了很多与道格和卡罗尔一样的事情：学习投资、储蓄和消费相关的课程。但是他们做得更好、更彻底，而且更具思考性。这些都是深层次的差异。

现在，作为一个成年女儿的父亲，我特别能理解道格书中关于他从爸爸过渡到教练的讨论。

一页页地翻看，你会情不自禁地被道格夫妇的创造力和财务上的智慧所打动，他们不仅是为卡罗尔，更是为他们的共同生活打造了一个良好的财务前景。

这不仅仅是钱的问题，更关乎如何过一种充满创造力的、充实和自由的人生，以及如何享受你自己的时光。

就像卡罗尔在本书最后说到的：“最重要的是，我们有更多的时间可以在一起，这才是我们的无价之宝。”

所以说，我不应该也不可能写出这样一本书。只是我确实希望这本书在我养育杰西卡的时候就有。当然了，如果那时就有这本书，她今天也不会有那么多的演讲素材了。

Dedication | 献词

卡罗尔（Carol）

献给我的另一半：尽管总是比别人慢半拍……

献给我的父母：谢谢你们将我抚养长大。我知道我能取得这个成绩实属不易！

献给我的孩子们：我非常爱你们！

献给财富自由社群：坚持分享、写作、讲授和学习。你们一直是我灵感的美妙源泉。

道格（Doug）

献给我的另一半：希望当你知道这本书需要你来收尾并且要历经无数次修改后，还能不后悔地对我说："诺德，你该写本书了。"

献给我的女儿：这是我写的第二本书，你的助力让这本书更棒！

献给我的女婿：感恩与你成为一家人并且得到你的理解（一定是因为爱！）。希望在养育孩子这件事上，我们做祖父母的可以和你们做父母的一样优秀。

献给我的财富自由营学友：感谢你们的提问以及对答案的校正。

财富自由赋予你多样选择权

“不是为了让你比最富有的人还富有，也不是关于破产保护；而是为了让你不管在生活里遇到什么，都拥有足够的财富，这样才有权力去选择、去发现乐趣、去过上让你真正幸福的人生。”

——玛吉·诺德曼（Marge Nordman）

于1999年实现财富自由

道格
“你的女儿如何实现财务独立”

欢迎来读一读我们的故事！

1992 年，是我和玛吉组建家庭后度过的非常忙乱的一年。我们的女儿卡罗尔永远精力充沛而且对任何事情都充满好奇。无论我们做什么，她都想要了解更多。当卡罗尔开始抛出关于金钱的问题时，我们做父母的就向她展示自己处置金钱的方式。当我和玛吉接近财富自由的时候，我们仍继续教导卡罗尔如何管理她的金钱。

在 2004 年，卡罗尔大学毕业就开创了她自己的事业，而我和玛吉开始参加由财富自由营举办的与其他追求财富自由者的见面会。有一次见面会中，我为财富自由营做了关于投资的演讲。听众中的一位家长打断了我，他问道："我知道您如何实现了财富自由，您刚才提到了您的女儿，我想知道她是怎么实现财务独立的？"

我被问住了。

我写过关于养家的成本与开立青少年的个人退休金账户（Roth IRA）[①]的文章，但我从未想过将这些文章整合起来变成关于培养"精于理财的家庭"的专题。我们的女儿似乎有了一个好的开始，但现在就判断她是否对财务独立感兴趣还为时过早。我随便给了一个答案：给女儿一笔零花钱让她学习如何做选择并管理她的钱。这位家长礼貌地点点头，然后见面会就进入了下一个问题。

大约一年后，我又见到了这位家长并询问他的孩子现在是怎么处置金钱的。那位家长回答："我曾尝试给他们一笔零花钱，但我感觉他们在浪费它，于是我放弃了。我们准备等他们大一些再重新尝试。"

又过了一年，我去财富自由营做演讲，遇到了来自一个大家族的家长的提问，她问道："如何培养孩子的财务独立性？"至少这次我有了一个更好的答案，但是我们始终认为

① 个人退休金账户（Roth IRA），即 Individual Retirement Account，是 401K 以外另一个美国人管理退休金的常用账户类别，是由个人负责、自愿参加的个人储蓄养老保险制度，适用于所有在美国合法工作的美国人与绿卡持有人，任何有收入的个人都能开立 IRA 账户。根据交税时间可分为传统型与 Roth 两种，每年有存入金额上限，有税收优惠，退休时可领取（否则会有罚款）。传统型是指先存入，未来提取时再交个人所得税（Pre-tax），可享有延迟纳税的好处；Roth 是指先交个人所得税才能存入（After-tax），取出时无须再交税。——译者注

孩子在实现财务独立的路途上会犯很多错误。

当我和玛吉说到我两次回答同一个问题的时候，她说：“诺德，你该写本书了。”

我们如何培养孩子的财务独立性

在那次财富自由营见面会后，我们在卡罗尔家小住了几周。在一次晚饭的时候我们提到了“精于理财的家庭”并问“长大后的卡罗尔”，当她还是个“成长中的卡罗尔”的时候，如何看待我们当时的财商培养计划。

我们回忆起与她一起尝试过的一切有效的策略，也谈到了那些不奏效的策略。回想当初，当卡罗尔逐渐长大，也更加有好奇心的时候，我和玛吉沉迷于图书馆的育儿书籍。我们俩对很多育儿理念进行了头脑风暴并打算在卡罗尔身上付诸实践，但是结果往往事与愿违。

晚饭的最后，我和卡罗尔决定一起写这本书。我们一边吃着甜品一边讨论，我做笔记，全家一同起草了这本书的大纲。

玛吉提议我和卡罗尔采用交互式章节的写作方式：让我们自认为“出色的”育儿理念与卡罗尔眼中的这些理念是否奏效形成鲜明对比。这样能让读者在尝试这些财务技巧之前，可以从父母和子女两个角度阅读我们的故事。

卡罗尔
培养你的睿智理财家庭，为了下一代

2018 年的一天，我们夫妻和父母一起吃晚饭，动情地回忆起他们让小时候的我管钱的事。一些回忆是幸福的，比如小学里那台让我花掉幼儿园里攒下的大半零花钱的铅笔自动贩卖机（真的能买到很酷的铅笔）；另一些回忆是悲伤的，比如高中时发生的大萧条给我的一些朋友、同学和老师带来损失时的心情。

每当我提到财商教育话题的时候，有一段记忆总是出现在眼前：妈妈让我坐下来（我已经不记得是为什么），对我说了导读开篇引用的那段话。那个时候我并不知道什么是“财富自由”，但我的确知道什么是“选择的权力”，以及如何管理金钱可以给生活带来越来越多积极的选择。正是那种选择的权力让我和先生能够持续妥善地管理我们的财富。

在我们那次晚饭的几天后，因一次偶然的机会，我们的财富帮助我做了一个人生中的重大决定。在先生的鼓励下并再次审视了我们的财务状况之后，我决定离开在美国海军的现役（全职）工作，转成了预备役（兼职）工作。这次变动使我的薪水大幅减少并且我失去了绝大多数的保险金，但也意味着我可以成为一位全职妈妈，随时迎接陆续出生的孩子们，还允许我可以尝试写作，不仅是作为兴趣爱好，而且可以成为一部分经济来源。正是因为我和先生在过去的五年间攒了不少积蓄，才让我这次换工作的选择完全是出于“这是我们想做的”，而不是“我们的财务状况让我们这样做”。

仅仅七个月后，恰好也是我结束最后一天船上工作的两周后，我怀孕了。当我在客厅舒适的沙发上写下这本书的导读时，我们的第一个宝宝正在旁边的便携式婴儿床上酣睡。

我已经迫不及待地想要开始教育我们的女儿如何实现她的财富自由。

道格
“教导你的孩子们管理金钱，你在花钱培养他们”

你们教孩子管理金钱的花费从哪里来？

当描述我们教女儿管理金钱的方法时，你会注意到养育她需要花费很多钱。孩子小时候的开销不多，但花费会随着她的成长变得越来越多。你可能会诧异这笔钱从何而来：一个隐秘的信托基金、比特币或是巴菲特？

我也希望我拥有以上资源。但坦白地讲，我最有价值的资源就是，相比我的父母教育我，我有要更好地教给卡罗尔财商知识的决心。

我和玛吉在 1982 年开始军旅生涯，1986 年结婚，1999 年凭借储蓄带来的高收益，我们实现了财富自由。玛吉在 2001 年离开现役转去了预备役，在 2008 年退休。我们的生活有滋有味。更重要的是，我们已经证明了我们的财富自由是可以持续的。我写了一本关于美国军人如何实现个人财富自由的书，还在军事指南上发布相关博客文章超过十年。如今，我知道我们的财富自由理念可以永久地流传给后代。

当我和玛吉组建家庭的时候，我们非常有动力地一起协调我们的财务行为。我们做了关于减少（浪费的）支出和赚更多钱的聪明之举。我们享受挑战节俭而又充实的生活，同时也避免困顿。当我们削减开支的时候，我们会把储蓄用于投资。

我们教给卡罗尔做同样的事情。她在更小一些的时候犯过许多关于金钱管理的错误，与此同时她也在吸取教训中成长。我和玛吉并没有给卡罗尔很多钱，反而逐渐赋予她越来越多的权力来掌控那笔预留用来养育她的预算。无论如何这笔钱最后都会花在她的身上，还不如在她十几岁之前，就让她试试她自认为明智的选择。

亲爱的读者，你正在读到的是我们全家合力协作的结果。我们很兴奋能和成年的女儿一起在驾驶座上工作，而且我也很享受这段旅途。

总结
本书使用指南

律师非要我们申明一下：卡罗尔和道格不是儿童心理学家，不是家庭教练，也不是认证过的财富顾问。但是我们对于在实现财富自由的路途上如何攒钱和投资确实是很擅长的。

这本书可以作为你养家糊口过程中的指引和消遣。你可以纯粹地把我和女儿当成勤俭朴素的、已经达成（或即将达成）财富自由的两代家长。我们会告诉大家哪些方法可行而哪些行不通。

玛吉和道格养育子女的经验加速了一个年轻人的成功，我们认为这些技巧在你身上也同样适用。卡罗尔和道格写的这本家庭理财传记可以帮助你找到适合你养育子女的路径。我们也会根据你的不同需求给出调整建议，而并不是必须百分之百地按照书里写的那样执行。

我们虽然把这些建议按照时间顺序做了总结，但每个家庭各有特点，故本书章节根据目标或学校年级来划分，而不是根据具体的年龄。所以，不必纠结于日期或孩子的年龄，也请不要把他们的进度做横向对比。孩子们需要学会用自己的标准去衡量自身的进步。我们做家长的只需要向他们展示我们的做法，然后教他们如何独立完成即可。

我们会用一段金融术语和概念的摘要作为每章的开始，用家庭考虑去实现的目标清单作为结尾。

作为家长，我们要关注孩子大脑皮层的发育并且培养他们对金钱的感觉。在他们能像成人一样分析利弊之前，注定要在金钱使用上走很多弯路。家长的作用就是在孩子不犯严重错误的前提下，让孩子大胆地去试错。

我们应该让孩子在家庭和亲人的保护下，承担这些错误带来的后果并从中学习，而不是等到孩子高中毕业（或者更差）找到第一份工作后去孤独面对。

这里转述一位美国著名“二战”将领的话:“不需要教你的孩子如何去管理他们的钱，而是告诉他们这笔钱应该花在哪些地方，然后就准备惊叹他们的创造力吧。”[①]

本书记录了玛吉和道格这一路走来犯过的诸多错误，但那些错误在我们的高储蓄收益面前都不是大事儿。虽然我们知道复利的数学原理，但直至今天我们仍然会被复利的威力所震撼。如果你还从未听说过财富自由与复利的关联，那么可以参考本书的附录 B。

我们并不会教你如何投资，因为之前已经有很多全球著名作家写过了！我们会告诉你如何获取高储蓄收益并且利用复利让你和孩子共建家庭财富自由之路。我们将向你展示我们是如何把这些课程和经验教给女儿的。现在你已经知道需要做什么了，接下来就用你的聪明才智让这些成为现实吧。

继续读下去吧，我们将会分享更多的惊喜！

---

① “George S. Patton Quotes.” BrainyQuote.com. BrainyMedia Inc. Accessed January 25, 2020. http://www.brainyquote.com/quotes/george_s_patton_159766.

Contents | 目录

第一章

绘制
睿智理财家庭的
蓝图

把自己当成财务管理者而不是消费者。

——克里斯汀·柯（Christine Koh）《极简主义教养法》作者

本章金融术语与概念

- 持家的成本估算。
- 20 美元对今天的孩子来说不如对他们父母小时候来说那么值钱。
- 强调管理财富而不是积累财富。
- “5W+1H”原则适用于孩子的财商教育。
- 随着储蓄的多年复利滚存，教育基金将越来越多。
- 理财只需要每天 20 分钟就够了。

道格
持家有道

2017 年，美国农业部（USDA）估算养育一名子女的花费高达 23.3 万美元。[①] 美国农业部公布的这个“平均支出”，比在餐桌上多几口人吃饭的实际成本更能说明美国超消费的生活方式。[②] 就像克里斯汀先生在本章开头说的那样，你要把自己当成家庭生活的财务管理者而不是消费者。

我翻遍了我们家的财务档案，确定我们花了不到 15.6 万美元。这还包括教学辅导和几项昂贵的运动，并且我们在生

① 你可以在美国农业部网站查阅细分类别并且测算自己的数值。

② 查阅“美国农业部 1993 年以来的食品价格数据”，1999 年 Dacyczyn，第 588 ~ 611 页。

活成本高的地区。现在有了这些实现财富自由的资源，你可以在养育第一个孩子的时候节省不少钱。你的孩子们可能不会得到他们想要的一切，但是他们将会在进入独立生活之前拥有一切必备条件。

养家糊口甚至还有可能改善你的财务状况。

令人欣慰的是，抚养孩子的费用是一条带有粗大尾巴的宽钟形曲线，得知你们养育孩子可以比我花钱还少更是让我松了一口气。但如果你在第一个孩子的养育上“仅仅”花了15.6万美元，这如何有可能提升你的资产净值呢？

我知道你们这些有经验的父母一定会边笑边说：“因为除了带孩子你没有其他的时间可以用来花钱了！”我不能否认这一点，因为自从有了女儿，我们去公园和图书馆的次数远高于去欧洲旅行。

养家糊口的另外一个隐藏好处是可以迫使年轻的父母变得成熟起来。在我十几岁到二十几岁的时候，我事事都被军队管束。我和我太太本身就很节俭，那个时候她开始教我如何投资，但是在养孩子的财务方面我有太多东西需要学习了。当我们把书房变成婴儿房时，我们遇到了一个巨大的挑战，那就是如何购买婴儿用品，最后，我们的节俭技能让我们在二手店和旧货市场里搞定了孩子需要的用品。

我们做父母的不仅仅是把我们的旅行经费换成孩子的一堆堆尿布。几乎每一对年轻父母都会在孩子出生后体验到这种情绪：“天啊，我们竟然要为一个小生命负责了。我们一定要尽快成熟起来并一起努力！”组建家庭让你开始掌控自己的人生。

你变得更加有担当，不再像之前那样经常惹麻烦——当然，也有可能是没有时间去惹麻烦了。没有什么比在车里放一个儿童座椅更有利于提醒你安全驾驶了。跑车被换成了空间更大、更安全的保姆车。你很少再花钱买高档的家具和电器，反而更关注这些家具和电器对孩子的安全防护性。现在的你仍然会在周末去急诊室，但不是因为狂欢派对后身体不适或者去接一个疯玩了一晚上的同事，而是因为担心孩子咳嗽或耳朵感染。至少在接下来的18年中，你需要在这个小人儿面前树立一个非常好的榜样，因为他会模仿你的一言一行。

在没有孩子的时候，你基本不会去检查预算的细节。然而一旦有了孩子，你会为弄清楚钱花在了哪里而检查每一项开支。

你最好开始为每一个人的未来做打算，这并不是带孩子去趟公园消耗一些能量从而让他们能睡个好觉那么简单。你不仅不敢再冒险了，也不敢大手笔花钱了。你不断地存钱和投资，对于职业规划会考虑得更加周全。你仍然会换工作甚至自己做生意，但你会考虑得更加长远，会努力工作以期望换取更多回报。

无论我们是否结婚，我和我太太都会为了财富自由而努力存钱。然而结婚让我们的目标更加明确，而且我们的女儿每一天都激励着我们。我们的财富自由规划从幻想回归了现实，我想少花点时间工作，多花点时间陪伴女儿成长。

别让美国农业部的数据把你吓得不敢结婚了，相反，你可以像管理你自己的财富自由目标一样管理你的家庭预算，比如记录每一笔开销并把钱花在最有价值的东西上面。不久以后，你就会学会按照事物的优先级来分配开支，存更多的钱，并走上你的财富自由之路。

卡罗尔

学习需要时间

我坚信小孩子是应该了解金钱的，部分原因是我小时候就学习了认识金钱，另外一部分原因是小时候的我经常浪费钱，因此需要更多的时间去实践，而这些时间是成年后的我们根本不再有的，因为总有很多事情要做，很多责任要承担。

花钱是日常生活里不可或缺的一部分，比如整理个人卫生或者与其他人交往都需要用钱。那为什么孩子们就不能早点了解金钱呢？金钱至于那么复杂、那么特殊到一定要等孩子长大后才能了解吗？

金钱至于那么复杂、那么特殊到一定要等孩子长大后才能了解吗？

其实金钱一点都不复杂，任何孩子都可以理解。

当我为人父母后，我问自己什么时候准备让孩子了解周遭的一切。例如，什么时候教她自己刷牙？大概率要等到她长了牙齿并且可以握住牙刷的时候。什么时候教她不要在街上乱跑？那肯定要等到她学会走路以后。什么时候教她了解金钱？按照同样的思路，肯定是要等到她需要用钱或者观察别人如何用钱的时候。

所以，如果你的孩子们已经见过钱或者看过别人花钱，那么就到了让他们了解金钱的时候。这可以避免他们成年后在钱上犯错误，你肯定不希望看到他们以后债务缠身吧！

道格
教你的孩子去理财，而不仅仅是攒钱

当你引导家庭养成睿智理财的习惯时，同时也是在教你的孩子们如何为他们的将来做理财。

“管理”，顾名思义，是指孩子们要学习如何去处置金钱。他们会通过硬币学数数，也会把现金放进钱包或者买冰激凌。最终他们都会知道存钱的，但趁现在年轻，还是应该先无忧无虑地花钱。辅导孩子的目的是教育好他们，而不仅是积累财富。

与此同时，我们做父母的也应该学习一些技巧，首先就是学会欣赏代际差异。

当我们还是个孩子时，20 美元是很大一笔钱，当我们长大后，20 美元能买到的东西远不如从前。虽然我们都知道钱的购买力下降了，但当看到一张 20 美元的钞票时，仍能记起当初欢呼雀跃的心情。

但对于我们的孩子来说，这 20 美元已经远不如我们当初认为的那么值钱了。一旦你对孩子们的金钱行为有了一些情绪反应，你就可以理解他们在学习理财时的感受了。你可以教他们如何处理这些感受，教他们再大一些的时候管理更多钱。

对于父母来说，不得不接受的是，孩子们只有在钱上栽了跟头才会长记性。

我们从大卫·欧文（David Owen）的《我家的老爸是银行》（*The First National Bank of Dad*）中了解到这些概念。他在书中说，孩子们学习如何理财的前提是，父母必须愿意与孩子们的错误和平共处。

一旦孩子们有了钱，他们的探索就正式开始了。当祖母给她的宝贝孙子 20 美元用来庆祝生日或者圣诞节时，他就知道了钱的重要性。他们看到过父母花钱，也在电视上看到过其他的孩子花钱，现在终于轮到自己了！

这是一个非常好的“教育机会”，如果父母试图说服孩子不要花钱而是把钱存起来，这就与孩子的想法产生了分歧。6 岁的孩子对于“大学教育基金”这个所谓神秘的计划是毫无概念的，所以你无法强迫一个智力和情感还不成熟的孩子接受延迟满足，他连延迟满足是什么都还不清楚呢。

在孩子们看来，上大学还早着呢！你如何让他们把辛苦赚来的钱（呃，我是说祖母给的 20 美元）为了一个还看不见摸不着的学校存起来，然后告诉他们以后把这笔钱拿出来用的时候会有多开心呢？

虽然这个场景在孩子的生活中经常发生，连《欢乐满人间》（*Mary Poppins*）这部迪士尼电影里也出现过多次。

但是，如果父母强迫孩子把钱存起来，那么一个正常孩子的第一反应肯定是要在大人们把钱没收之前快速地花出去。强制储蓄会让孩子被动地选择在失去前要花光所有。在这件事情上，你越强硬，你的孩子就反抗得越厉害。

我们要避免与孩子直接起冲突，要像练习柔道一般与孩子过招。

利用祖母给钱这件事的“教育机会”，帮助孩子学习如何使用金钱这个强大的武器，最好是像一个和善的理财顾问，而不是像独裁者一般发号施令。和孩子们一起享受得到这么多钱带来的喜悦吧！比如帮助他们找个安全的存钱地点，这样可以建立初始信任，然后和他们商量这笔钱的用途：想用这笔钱做什么？想买什么？或者其他问题：知道商品的价格吗？20美元是多少钱？如果都买了玩具和糖果会开心吗？怎样才能有更多钱呢？

当他们不可避免地把祖母给的钱花光后，我们还要适时地表达同情并确认他们的感受（他们将不止一次经历这个循环），告诉他们如何才能避免把钱花光，给孩子树立正确的财务行为榜样。当他们掌握了理财的基础知识后，就可以教他们理解更多、更复杂的概念了。

允许孩子犯错可以让孩子更好地理解财务责任，进而引导他们探索并理解内心的感受。

可能直到上了中学，他们才会最终弄明白花钱和存钱的关系。在那之前，我们可以想象他们点燃了 20 美元的钞票在院子里跑来跑去，就像“国庆节”放烟花一样。着火的时候很刺激，但很快就燃尽了。我们不要大惊小怪，就让他们烧到手指吧，这可以让他们对自己的所作所为记得更牢。

作为家长，只有当孩子准备好了的时候才能给他们提供建议。如果你要帮他们培养理财技巧，不能只是扔给他们一堆要遵守的规则。孩子是在不断试错中成长的（而且是好多好多错误！），而最好的犯错地点就是在自己家里。让他们在一个充满安全与爱的环境中边犯错边学习理财技巧，可以避免他们进入大学以后在新室友和学生借贷顾问那里犯更严重的错误。

当他们把钱挥霍掉以后才会意识到没有钱是多么可怕。一旦他们意识到只有自己可以处置自己的钱时，就代表他们懂得了要为以后赚钱并储蓄。

最后他们会把“没有钱”时的焦虑转化为“构建财富”的动力。

卡罗尔
魔镜，魔镜，我一定要做个听话的孩子吗

小时候，我们并没有很多话语权，更不能选择父母、兄

弟姐妹、房子、家乡、家族史或其他。但在小时候，我们确实有一个每天都要面对的重要选择，如果幸运，一天还可以选择很多次，那就是：我究竟要不要听爸妈的话？

对于父母来说，他们会为了让孩子听话而使用很多手段。比如各种交易和赌注、小小的乞求，也许还有一些拿不到明面上的小把戏。不管父母有多努力地尝试威胁、管教、支配或者控制孩子，最终都是孩子自己来决定是否要听从父母的话。

况且，孩子是非常善于察言观色的“小怪兽”，我的意思是他们非常乐于观察父母的一言一行。每当父母以为他们已经成功地躲在了储藏室里，出现在门缝的一双眼睛会提醒他们，他们所做的一切都逃不掉孩子的眼睛。

这同样适用于金钱这方面。当孩子看到父母花大价钱买衣服、大规模翻新房子、为了应对债务而夜不能寐时，孩子才知道其实父母说的是“照我说的做，而不是照我做的做”。孩子们，不必犹豫，大胆地对你的爸妈说出你们的真实想法吧。

因此，在教孩子养成良好的理财习惯时，请先对着镜子看看自己。你在让孩子遵守连你自己都不遵守的理财准则吗？你有没有为孩子的未来树立榜样？

诚然，没有完美的家庭。你可能把时间和金钱都花在了一个不听话的孩子身上，或者有一天你发现孩子们可以比你更妥善地处置财富。但其实无所谓啦，现在开始教孩子们理财总比一直等待要好得多。

所以不论你的习惯如何，不论你的孩子是谁，不要想从哪里开始，不要想孩子何时准备好学习你的财商课程，也不要在意什么时候才是教育的最佳年龄。每个孩子都不一样，因此，我们不能说“一定要在这个年龄才能做这个事情”。

其实我给大家提供的专门适用于孩子的财商教育是一个与新闻写作“5W+1H”原则非常相近的概念。这个概念一部分取决于你对教育孩子的渴望，另一部分取决于孩子的成熟度。这个概念分为以下几个部分。

何人（Who）：想到《动物园里的谁是谁》（*Who's who in the zoo*），这个阶段的孩子开始认识不同的硬币和纸币，学习如何数钱，对钱有积极的体验，就像孩子学习分辨谁是父母、兄弟姐妹、其他亲戚，分辨谁是警察、老师，甚至是父母的老板。如果孩子认得猫、狗、秋千和汽车，那么他们就可以开始学习认识不同面额的硬币和纸币了。

何事（What）：这个阶段是孩子决定要把钱花（或者不花）在什么地方以及开始分辨想要和需要的时候。孩子们会遇到很多错误、悔恨、教训，而这些最终都会变成宝贵的经验。这个阶段通常不会终止，而是会一直持续到孩子成年，而且只有在孩子有一些零花钱并且可以决定怎么花的时候，这个阶段才开始。这里说的是孩子自己的钱，而不是父母的钱，它可以回答孩子的问题：“你想要什么？”

何时（When）：这是孩子决定什么时候花（或不花）钱

的阶段；孩子也会学习与时间相关的一些概念：复利、证券、投资收益率。这同样是一个不会终止的阶段，而且同样要等到孩子有钱了才能开始。孩子需要掌握“长期”这个概念，长期意味着经年累月甚至几十年的时间。

何地（Where）：这个阶段，年轻人开始决定他们的财富去向。换句话说，这时孩子们开始把之前学过的储蓄、消费、投资等概念串联起来，并且开始为远期目标决定钱的用处。例如，开立指定银行账户或者投资股市，选择黄金、数字货币、股票等不同的资产类别（有形和无形），学习其他资产分配方法。这时，孩子从“学习如何理财”进阶到“最大限度地降低维护成本的同时节约成本”。不同的孩子进入这个阶段的年龄不同，如果他们对投资感兴趣，也许中学的时候就可以进入这个阶段。

为何（Why）：这个阶段，一个成熟的投资者（曾经的孩子）会把他知晓的一切信息与个人目标紧密结合，进而决定钱的用途。买一部新手机还是去一次价格昂贵的游学旅行？这个阶段覆盖了短期与长期目标，一个可能的终极目标就是在成年后实现财富自由。

如何（How）：这个阶段会在孩子长大成人后一次次地出现并且一遍遍地被评估。这时一个成年人会决定如何用其他阶段（何人、何事、何时、何地）学到的技能来解决他的“为何”。在这个阶段，一个成年人会决定如何获得收入（工资、自行创业、不动产租赁投资或其他）并用这些收入来维持舒服自在的生活。

你也许会发现有一些步骤在孩子身上发生了重叠或者被打乱了顺序。比如，一些孩子记得冰激凌车会在每个周二的下午两点（何时）路过，因而他们知道要在周二之前攒够买冰激凌（何物）的钱。总之，只要你认为这个原则对孩子有教育意义，不令人内疚也不消极，就持续用吧。

至于“如何”这个阶段，在孩子长大并形成品位与个性的时候会慢慢地到来。当父母发现孩子对哪些感兴趣而对哪些不感兴趣时，就到了最佳的教学时间了。

道格
现在就开始为孩子存教育金吧

坚定目标：从孩子出生后就要存教育金了。

我知道，你可能刚刚从一堆尿布中解放出来，而我们就已经在发愁孩子的大学经费了。你甚至还不知道孩子是否想上大学呢。

先别急。我们现在提起这个是因为早开始一步就可以更容易一些（而且更省钱）。我们在孩子出生后就马上着手准备教育金是为了有更多的时间把计划付诸实践。总有一天孩子会长大，他们会根据自己的教育金来决定究竟是读职校、大学还是 MBA。但现在，你的责任是要确保有这么一笔钱让孩子以后去打理。这是一个当孩子还穿着纸尿裤时，父母就可以着手准备的长期项目。

越早存钱，就有越长的时间可以让资产增值。复利是孩子的数学教育，也是你的财富自由课程中的精彩部分，只需要静待花开。

你的亲身经历会影响你的储蓄计划。如果你家里有很多口人，那么分到每个人身上的钱就非常少，你会觉得没有义务资助孩子读大学，但也有父母会为了让孩子读四年私立名校而做出牺牲。

我们不知道 15 年以后，孩子高中毕业后会选择什么样的教育，也许孩子根本不想去读线下学习的大学。读线上课程与在哈佛大学线下课堂里学习所需要的费用差异是非常大的，作为父母，最重要的就是要尽早开始为孩子攒教育金。

你可以自由决定教育金的多寡，这取决于你的价值观与存款利率。但更重要的是，在为孩子准备教育金之前，你要先为自己准备足够的退休金。我们经常听到这样的话："孩子上学可以申请奖学金和助学贷款，但是你退休以后可什么都没有。"所以请先把自己的退休保障搞定，再去为孩子攒教育金吧（孩子们也同意这个做法，因为他们也不愿意在你们老了以后承受巨大的赡养压力）。你现在的目标也许只是攒一笔钱，随着复利增值，可以为孩子支付两年社区大学的费用。

我和玛吉准备了一大笔教育金，在第八章，我们将讨论当孩子们不需要教育金的时候，还可以用这笔钱来做什么。

不管你准备给孩子攒多少教育金，从孩子出生起每个月存几百美元总比到孩子十几岁时每个月存上千美元要容易得多吧。每当孩子长大一岁，你就要为他们的教育金存多一笔钱。“祖母的 20 美元”让他们学会理财，而你的任务就是在他们 18 岁之前为他们把钱攒够。

我们不会赘述建立教育金的细节，也不会探讨如何申请财政援助，但是在美国，“529 大学储蓄计划”确实是最简单的储蓄方法。“529 账户”有税务递延优惠，而且祖父母也可以往账户里存钱！你可以自己决定存多少钱、投资哪些资产以及这些投资的费用率。

在任何州居住都可以开立“529 账户”，你可以看看你居住的州政府是否提供赋税优惠。“529 大学储蓄计划”成立于 1996 年，那个时候卡罗尔已经 4 岁，我们也是在那时加入了这个计划。

投资大盘指数基金是一种用低成本的被动管理方式来进行激进投资的方式，记得，一定要持有至少十年以上。大盘指数基金的长期涨幅会超越通货膨胀，到了孩子 13 岁时，你就要逐渐把这笔投资转成相对保守的资产，比如短期债券基金或者存款证，毕竟你肯定不想在孩子上高中以前遭遇熊市或者经济衰退。等你的孩子升入高三时，要保证你的资产至少可以支付孩子高三毕业后一年的学费。

作为一个新手祖父，我希望卡罗尔可以尽早为我的外孙女开立“529 账户”。我同样希望卡罗尔可以把我们家另一个技能传授给外孙女，那就是每天在一个大项目上花 20 分钟。

卡罗尔
雷打不动每天 20 分钟

妈妈给我讲过许多她年轻时在军校的故事，我印象最深刻的是她在大一时准备考试的故事。在考试前的几周里，她每天只花 20 分钟来学习，在考试的前一晚，她收到了一个大大的“惊喜”：接下来的几小时，因为她的室友没有按约定去瞭望台值班，她被一位学长安排去顶替，本来要用来复习的三小时就这样泡汤了。就像其他任何没有时间复习的人一样，她很生气，但同时她又很开心，庆幸之前的几周里每天都花了 20 分钟用来学习。虽然考试前一晚没时间复习，但她仍顺利通过了考试。

“每天 20 分钟”在我上小学时成为诺德曼家族的行为准则，因为那个时候我才开始有真正的作业和学生课题要完成。20 分钟几乎就是一个电视节目的长度，我可以为看一个电视节目做任何事。但作为一个诺德曼家族的孩子，我并没有遵守家族的行为准则，我总是要等到交作业的最后一晚才熬夜完成，和同学进行“填鸭式”学习，而不是每天学习一点点。

十几岁的我根本不能每天在 20 分钟内处理我的财务状况（后面你会看到“财富日”）。但“每天 20 分钟”却让我在无比繁忙的成年生活里更好地理财，尤其是在我完成军队工作以后才能拥有属于我的个人时间的情况下。

另外，我的父母坚持用“每天 20 分钟”来教育我。爸爸每天用20分钟来完善他那著名的儿童401K储蓄账户表格，每次无论我问什么他都会打开看看。在自动同步软件发明之前，他每天花20分钟在Quicken（一个类似于数字记录的软件）上记录各项家庭财务开支。我在这20分钟里坐校车回到了家，父母则坐在客厅躺椅上享受“飓风卡罗尔”回家前的最后20分钟宁静。结束了一整天的学习，我非常开心地回到家，看到父母迎接我归来并听我唠叨这一天在学校里发生的事情。

你可以使用手机软件和待办清单来辅助你完成“每天20分钟”。你能用5分钟整理完你钱包里的所有收据，然后把它们放进你桌子里的月度收纳本吗？你能用另外5分钟把你的信用卡设置成自动转账，然后再用5分钟完成从支票账户到储蓄账户的自动转账吗？最后5分钟，一边清理厨房柜子和冰箱里的食材，一边写下采购清单。

吼吼，这四项工作的时间加起来正好是20分钟。这就是雷打不动的“每天20分钟”！

你的孩子们可以在“每天20分钟”里做哪些养成良好的消费、储蓄、时间管理等习惯的事情呢？

总结
开始得越早，就越容易（越便宜）

我们都知道，组建家庭似乎是一项庞大的、费钱的、令人闻风丧胆的工程。而一旦你做了决定并且有了孩子，剩下的事情就总有一天会得到解决。

让你财富自由的技巧可以帮助你节约家庭开支，且随着时间的推移，你可以教孩子们应对未来生活的睿智理财技巧。给他们一个安全、有爱的环境让他们大胆地犯错，然后帮他们分析原因并告诉他们如何做得更好吧！

不要因分析瘫痪症[①]而分心，也不要顾虑太多。即便从来没有一个完美的时间来做这件事，但你总能每天找到20分钟。尽早设立教育基金，让你的孩子开始尝试理财。

本章要点

- 允许你的孩子在钱上犯错误。
- 设立儿童教育基金并开始存钱。
- 教孩子用“每天20分钟”学习理财。

① 分析瘫痪症（Analysis Paralysis）：总是等着什么都调查清楚了、想清楚了才行动，却不知立即开始行动才是最重要的，结果就是蹉跎时间，想做的事情永远停留在脑海中或“工作清单”里。——译者注

第二章

当孩子不再把钱当吃食时就具备了管理金钱的能力

“我们知道何时开始教孩子们理财。”

——玛吉和道格·诺德曼

本章金融术语与概念

- 安全地处置资金。
- 允许在每次购物时买一件“特殊的东西”。

道格
通过谈论金钱来理解金钱

当卡罗尔 18 个月大的时候，她通过吃 25 美分硬币这种方式完成了第一次与钱的近距离接触。

毫无疑问，这是我的疏忽。她捡到了我掉在旁边的一个 25 美分硬币，像其他幼儿一样，放进了嘴里要品尝一下。

结果她被噎住了！

你肯定看到过这样的育儿海报：把被异物噎到的幼儿倒扣在怀里，轻拍他们的后背帮助他们吐出异物。这突如其来的事件让我瞬间吓坏并肾上腺素飙升，我马上轻拍女儿并成功地让她把硬币吐了出来。

很显然，我无法在孩子幼儿时期就教她理财，哪怕她已经把硬币吃进了嘴里。

当几个月后，卡罗尔不再把硬币吃进嘴里，而是开始说完整的句子时，我们终于可以和她探讨金钱的问题了，而且现在仍然在持续探讨中。

我们夫妻俩必须首先承认（并且一直承认）我们偶尔是糟糕的父母。两岁的卡罗尔就像一个随时爆发的小火球，我们需要提前安排，才能让她安放无处宣泄的精力。她像其他孩子一样，在你面前抛出无数的好奇心，并需要我们去一一解答，还没完没了。

我们应该和她聊聊天。最好的聊天方式就是让她知道我们这些做父母的正在干什么，让她知道当她长大了以后，也可以做同样的事情。

我们经常用假设买一件"特殊的东西"来和她开启如何花钱的话题。卡罗尔会决定这件东西是什么，但是无论如何，都只能是一件。

这个方法很管用，我们在去商店之前会告诉孩子："如果你表现得好，就可以买一件'特殊的东西'。如果表现不好，就不能买任何东西了。"

一件"特殊的东西"教会了卡罗尔延迟满足（哪怕只是一块糖果）。大多数情况下，她在商店里都表现很好，因为她知道会有奖励等着她。

她偶尔也会挑战这个原则，有几次甚至是史诗般的崩塌。我们有一次甚至不得不回到商店的停车场等她平复下来。

一件"特殊的东西"也可以用来教育孩子关于如何选择的问题。也许你只允许孩子买一件不到 1 美元的物品，或者要求这件东西必须是健康零食，又或者不能是零食而必须是一本书或一个小玩具。我和玛吉会按照经验预测卡罗尔会买什么而为她多带两美元，或者说我们会准备充足的钱用来买食品、衣物和一件“特殊的东西”。我们甚至提到，为了一件“特殊的东西”，她需要存很多钱或者有一份非常好的工作。

在二手市场和旧货市场也可以采用同样的策略。我们给她几美元让她自己决定买什么。有时候冲动会战胜理智，但最终她会逐渐学会控制购物冲动从而更好地理财。

我们深入探讨过钱从哪里来、不同东西要花多少钱、这些东西有什么用这些问题。“你想要一本可以睡前读了又读的书还是这个小玩具？你能一直玩这个玩具吗，还是终有一天会厌烦？你想试试这件T恤吗？”

让她使用“5W+1H”原则做决定比她实际买了什么更重要。我们沟通的目的是通过引导她的情绪和想法，让她想清楚她的钱到底该怎么用。

就像孩子拿着像烟花般燃烧的20美元钞票满院子乱跑一样，他们大了以后也许仍然会做同样的事情，但你现在可以努力培养他们的金融思维。等他们再大一些，这也可以帮助他们应对财务紧缺时的崩溃。

25年后的现在，我们仍然会拿一件“特殊的东西”开玩笑，就像卡罗尔当时为了买一辆自行车时面临的抉择一样。

在下面卡罗尔写的部分，她会分享更多我们探讨金钱的方法。

卡罗尔

所有的光影记忆

当我读到上面的故事时，我仿佛又成了那个刚刚学会走路的小女孩。其实我根本不记得曾经被硬币卡住过，谢谢老爸把我从诸多失败的财富决策中拯救出来！

我爸在前面的部分曾经说："我们在她会说完整句子的时候就开始和她讨论金钱了。"其实我爸妈并不是告诉18个月大的我什么是一分钱，而是在硬币事件发生不久后做了这些：

我爸妈开始制造正面的、易于理解的金钱体验，就为了让我可以在金钱上拥有正面的、易于理解的想法。

关键点就是：让你的孩子在金钱上拥有积极的、易于理解的体验。就像日本家政女皇近藤麻理惠（Marie Kondo）说的，打理生活和理财可以让人愉悦，这种愉悦只能从积极的、易于理解的体验和快乐的想法中产生。

目的是要领会金钱的价值，而不是物质上的拥有。通过一件"特殊的东西"，孩子知道了钱可以买到什么（一个新玩具或者一块糖），买不到什么（任何东西）。当孩子们可以处置纸币、硬币或者信用卡时，哪怕只是玩一会儿，他们也会发现自有乐趣。金钱不应该成为孩子的麻烦，而应该是可以让他们感到自信且强大的东西。

就像所有育儿技巧一样，让孩子接触金钱应该是：

（1）在婴儿时期做的事情。

（2）根据不同孩子的个体差异而调整。

（3）反复练习，直至无论“它”在这节课里的意思是什么，孩子都能理解。

与其为孩子把所有东西都买来，我们不如这样做：

在你的直接监督下，给孩子一两枚硬币玩。让他们盯着闪闪发光的银色和铜色硬币，用手指触摸硬币的正反面，甚至试着用手掌握紧硬币并在肌肤上留下硬币正反面的图案印记。让他们用蜡笔或颜料在硬币上涂色，并在纸上拓印下来。哥哥和姐姐可以教他们在光滑的平面上滚硬币、转硬币或者玩挑硬币游戏，回答他们提出的关于硬币的各种新奇问题。就让他们开心地玩硬币并留下一段生动的记忆吧。

当父母认为我不会再吃硬币以后，他们送给了我一份小礼物：一托盘与美国钱币大小相同的塑料硬币。硬币放置在一台小塑料收银机里。这个硬币游戏的唯一规则就是，每当结束游戏，一定要把硬币收好并放回收银机。

那时我并不知道这其实是“追踪你的钱”的第一步，我们会一次又一次地回到这个概念上来。

每当我想玩硬币的时候，父母就会紧紧地看住我。他们会看我怎么玩儿并回答我任何奇怪的问题，偶尔还会抛出一两个建议：为什么不根据颜色把这些硬币分类呢？如何根据硬币的大小分类呢？为什么不把这堆硬币按照大小顺序排列呢？为什么不把这堆硬币分成小堆呢？就像在美国电话电报公司（AT&T）广告里说的那样，父母在逐渐“提升标准”。而我也发现，我逐渐喜欢上玩这些硬币了。

接下来的事情我父母做得很隐蔽。现在回头看，简直是忍者的养成模式。当父母看到我把硬币归类完毕，就会问我每一堆有多少个硬币。看我迷茫地望着他们，就来教我如何数数。他们一边用手指摸着硬币，一边说 3 个简单的单词：1、2、3！1、2、3……并一遍遍地重复。

当我可以准确无误地从一数到三的时候，父母就教我数到五。当我可以数到五的时候，他们就教我数到十，以此类推。马上我就学会数完所有的硬币了。有点可笑，这些假硬币竟然变成了廉价的教学工具。我现在还能想象到当时玩的样子。

几年过去了，我对这些硬币越来越了解。当父母看到我已经可以识别不同大小的硬币，他们就开始教我每枚硬币的意义。棕色硬币的单位是美分，每一枚就代表 1 美分。我数着这些硬币：1、2、3……非常小的那些棕色硬币的单位是 10 美分，每一枚代表 10 美分。10、20、30……

不费吹灰之力，我学会了数数、通过分辨颜色识别硬币。那个时候我只有 4 岁。

棒极了。

纸币就是另外一个故事了。纸币非常容易破，因为太薄了，所以很难经受得住“3 岁小儿”的破坏。作为一个曾经的“3 岁小儿”，我根本没有做好面对这种奇妙纸张的准备，但我的父母却不遗余力地向我展示该如何使用钞票。当我们一家人出去吃麦当劳，他们带我去收银台并把我放在柜台上面，然后问我："看，看到那些好吃的了吗？看，我要把我的钞票给这位女士，然后她会给我美味的鸡块。很有意思对不对？你也想买鸡块吗？"于是我明白了，如果我把这张绿色的钞票完整地给到这位女士，我就可以得到美味的食物作为回馈。又是一堂关于金钱的积极生动的课程。

现如今的无现金化社会，哪怕你总是带着纸币，但用纸币付款几乎不太常见了。那么该如何向孩子们演示金钱交易呢？

可以尝试一些能用现金交易的小事情。比如去街角的冰激凌店，随身带一些现金并让孩子自己去收银台交钱。去一趟便利店，买一些常用的物品，不管是用信用卡、手机 App，还是支票，告诉孩子们付款总价是"好大一笔钱"。孩子们就会逐渐明白，这个"好大一笔钱"不能用手头的现金支付。如果他们会数学，要让他们知道 23.4 美元比他们手里的 20 美元现金要多。如果他们认字了，有必要的话，就可以在手机或收据上把金额写下来。

但是，在支付了"大宗货物"后，可以留出一两件小东西，让你和孩子使用现金支付。这样，孩子们可以看到不同的用钱方式，甚至可以通过与收银员或自助服务机的互动，获得另一种积极的使用金钱的社会经验。

如果你的孩子很独立而且有足够的能力（哪怕不完美），可以让他们选择一件交易物品，比如一件"特殊的东西"。可以指着货架上的商品，告诉他们价格并且描述出来。比如说，"看这里，这一袋糖果是 85 美分，税后就差不多是 1 美元。我们去收银台付现金吧”，然后坚持让你的孩子去收银台用现金支付。

总结
坚持与孩子交流

当你只能勉强应付做饭和换尿布的时候，很难有精力与孩子交流。你肯定不会完成一篇关于发展里程碑的论文。

你需要吸引孩子的注意力，不断地与他们说话并且告诉他们该如何交流。当他们学会说一些幼儿词汇时，就要引导他们把单词连贯成句。为他们描述你们在一起看到的和一起做的任何事情，自然而然地就会说到花钱购物。只要坚持和他们交流，他们终有一天会学会管理金钱。

下一章，我们将会讨论学前教育。

本章要点

- 坚持为他们描述你们在一起看到的和一起做的任何事情。
- 教孩子如何处置、保存并清点钱。
- 使用一件“特殊的东西”让孩子学会选择如何用钱。

第三章

统筹零花钱、家务和工作

“去找个工作吧！”

——基伦 · 埃弗瑞 · 韦恩斯（Keenen Ivory Wayans），电视剧《生活色彩》

本章金融术语与概念

- 零花钱——做个优秀的家庭成员。
- 家务——分配一些适合孩子年龄的没有报酬的家务。
- 工作——分配一些适合孩子年龄的有报酬的家务，结束后付款。
- 孩子是在犯错中学会理财的。

道格
零花钱、家务和工作

还记得第一章中那个拿着燃烧的 20 美元钞票到处跑的孩子的例子吗？学习就是从这里开始的。

零花钱是一个有争议的话题。关于孩子是否应该有零花钱，不同家庭持有不同的意见。但是，使用零花钱却是很有用的学习经验。

父母会为孩子制订专属方案：存多少钱、给多少钱、花多少钱，甚至孩子是否愿意交出零花钱！

我们不会指导大家如何做，但零花钱确实是让孩子接触金钱的最好方法之一。孩子们会学会做消费选择并知道不同选择带来的结果。

我们内心的育儿动机是通过定期给女儿机会来学习如何

处理越来越多的钱。零花钱只是其中一个工具，还有家里的其他任务与机会。

我们告诉女儿：作为优秀的家庭成员，你可以拿到一笔零花钱。关于一位优秀的家庭成员是如何定义的，我们没有设置特定条件。一开始是每周给一次零花钱，几年后变成了每个月给一次。

应该给孩子多少零花钱呢？问问你自己：你能忍受被他们犯的错误浪费多少钱？

零花钱最好多到足够支付他们每周的开销，又少到可以让他们被迫在用钱上做出选择。

在我女儿上学之前（不再吃钱币以后），我们开始每周给她 3 个 25 美分硬币作为零花钱。她 10 岁之前的每个生日，我们都会增加一些，在她 10 岁以后，就开始让她更多地参与到她这部分家庭预算的决策中来。

零花钱的另外一个重要作用就是建立信任。必须要让孩子知道零花钱是定期有的。他们需要知道这些钱在安全的地方（如小猪存钱罐、钱包或零钱包），而且如果任何时候需要都可以拿到。随着他们渐渐长大，可以让他们了解银行账户和存款证,但必须让他们确信“家庭银行”仍然是可以信任的。父母需要保证这些零花钱的安全（或者做好记录）并且遵守提取规则。

作为父母，我和太太决定女儿不必通过家务、良好的表现或者其他条件来获得零花钱。我们想要她学会的是如何处置金钱并且如何理财，想要她学会如何拥有足够的、可靠的收入而减少她被迫做出财务选择的遭遇。

家里的每个人每天都要做家务来保持居家的整洁和舒适。我们告诉卡罗尔，做家务可以让她学会管理自己的物品，以后长大了就可以管理她自己的家。我们先让卡罗尔与我们一起做些简单有趣的事情，比如收拾玩具和衣服，收拾食品杂货，去取信件。

我们还找到了其他一些可以鼓励女儿做家务的方法。我们用很多架子和盒子可以让她很容易地看到她的玩具和衣服，并且方便整理。我们使用家务清单做提醒，方便她做完了家务就划掉。如果她想去玩（比如去公园），她就必须在这之前完成家务。如果她忘记了做家务，我们可能会暂停她看电视和使用电子产品的权利。

下一个让她做家务的动机是如果她想通过在家里工作而多赚钱，那么她就需要先完成家务。是否找工作是她的选择，但做家务却是强制的。

工作是一种财务激励的尝试。工作背后的目的是鼓励她成功赚到钱。当卡罗尔想买一个新玩具或者一件时髦衣服的时候，就像电视剧《生活色彩》里常说的那样，我们会开玩笑说："去找个工作吧！"她很快就停止了乞求转而去想如何自己赚钱去买想要的东西。

工作必须是有意义的，就像洗刷车轮或者清扫人行道，但不能是孩子需要做的日常家务。只有孩子想要赚钱的时候才可以做的工作，同时也必须是适合孩子这个年龄去做的工作才行。可以先试试让她用 15 分钟来赚取一两美元。其实，哪怕一个学龄前儿童正和父母一起清洁车的一小部分，他感受到的成就感也不亚于钱到手的那一刻。当然，要做好这项工作，就必须对孩子进行一些培训和监督，而且还要在事后给予孩子很多表扬。

当然了，父母把他们的家务偶尔外包给孩子也是非常好的做法（只要父母愿意为之付费就行）。但是，孩子必须保留是否接受的权利。如果他们不想赚这份钱，就没必要做这份工作。

工作是一个非常好的教育方法，可以教孩子如何用他们的时间和精力来换钱，教他们衡量是否把钱花在了值得的地方。孩子们很快就学会如何对他们遇到的机会做出明智的选择，他们也会明白，为了想要的玩具或者其他东西要付出多大的努力。

如何知道我们的女儿已经可以处置零花钱、家务和工作呢？

我们其实不知道她什么时候会准备好，但我们使用了试错法。有时，错误会多过尝试。

在上学前的几年，她想成为一个在书里、视频里以及邻居眼里的大孩子。当我们准备实施零花钱与家务计划的时候，我们对她说，这样做是为了让她学会如何变成大孩子。每次她表现出兴趣或用零花钱做点什么的时候，我们就会一直讨论金钱。如果她需要，我们会帮她做家务，当她想自己做家务时，我们就会站在后面指导。

她的工作源于看着我们做家务，如果她对工作感兴趣或想赚钱买玩具，我们就会和她一起工作并且付给她一笔适当的费用。洗车非常有趣，哪怕她只能清洗车轮。刷墙呢？她太投入这份工作了，最起码她够得到的地方都有她工作过的痕迹。最初的几份工作肯定是重在参与，质量是其次，但她最起码在学习如何做一名大孩子。

如果有她处理不了的事情，我们就会和她一起探讨或一起尝试。如果是一次悲惨的失败，那么我们就会悄悄地转去做其他事情。等几个月以后，每个人都更成熟并且更聪明了，那就再去尝试不同的方法。

当我女儿长大了并且开始讨论她想买的东西的时候，我们会用基伦·埃弗瑞·韦恩斯的话对她说："去找个工作吧！"

我必须讲清楚，这个零花钱、家务、工作的方法不总是一帆风顺的。

在家里仍然会遇到大量的谈判和反抗，但我们试图让规则变得简单明了，那就是，如果卡罗尔想要玩得开心，就必须遵守规则。

不管有多少次她挑战了权威，她始终在学习如何理财并做出消费选择。当父母的一定要记住这点。

卡罗尔
工作是用来做什么的

孩子总会找到很多花钱的机会，比如我家附近的冰激凌车（常年出现在我们这个热带地区）、学校的书店以及为了新游戏机设计的大量游戏。这还不包括一个新篮球、一个新足球、一辆雷蛇滑板车以及其他很多想要的东西和很多花光钱的方法。所以当我长大并且我想要的东西越来越多时，我就想要更多的工作机会。

当我识字以后，妈妈开始把家里的待办事项列成清单，这样的话，如果我突然想要一份工作（比如看了宠物小精灵最新卡片的广告以后），妈妈和我就会坐下来研究这个清单上有哪个或哪几个工作可以给我做并用来赚钱。这个清单通常就放在柜子上容易拿到的地方，我几乎可以随时随地与爸妈展开讨论。

道格
教学时刻

最容易的教学时刻就是做改变的时候。当卡罗尔拿到了每周的零花钱，我们就问她是想要 1 美元的纸币、25 美分的硬币、10 美分的硬币、5 美分的硬币，还是 1 美分的硬币？

最初，这个学龄前儿童会认为 200 个 1 美分硬币会比一两张纸币更值钱。数量就是价值！

我们试图让女儿尽可能多地参与财务讨论。有了之前的一件“特殊的东西”原则作为铺垫，当我们在商店探讨如何做选择时，我们谈到了做工作可以赚钱买东西。我们会探讨这些选择是否正确，如果做了其他选择又会发生什么。

我们还会尝试让她操作一些金融工具。我们让她把银行卡塞进 ATM 机，让她看机器是如何“读”卡的，就像她读一本书一样。我们探讨银行如何储存我们的钱（当然 ATM 机里也有）并按要求给我们钱。如果商店里的人不多，我们会教她看信用卡如何在收银机上使用并且让她观察数字。

卡罗尔
硬币很容易丢失

另一个我差点忘记的教训就是硬币非常容易丢失。它们会卡在衣服兜里面；当你不小心把钱包倒过来的时候它们就会掉出去，不管你收零钱有多仔细，它还是有可能会凭空消失。

我小时候用的一个非常奏效的方法是把硬币分类存放，而不是乱七八糟地堆在一起。我最早收到的理财书籍之一是怀亚特（Wyatt）和辛登（Hinden）的《理财书与秘密存钱罐：聪明孩子的精明储蓄和消费指南》（*The Money Book and Hideaway Bank : A Smart Kid's Guide to Savvy Saving and Spending*）。虽然我已经不再需要那本理财书了，但是我的零钱至今都存放在那个秘密存钱罐里。那是一个塑料存钱罐，像一本 1 英寸[①] 厚的书，每边有一个透明的窗户，还有分隔

① 英寸：英制单位，1 英寸 =0.0254 米。——译者注

器用来装不同面额的硬币和纸币。存钱罐的上面有一扇滑动门，方便随时取钱。

另一个方法是用一个按照钱的用途分类的存钱罐，而不是按照钱的面额。孩子们可以给每一笔钱定一个用途，比如储蓄、一件“特殊的东西”，甚至是一件棒球球衣。

孩子们将看到零钱逐渐积累，并且可以有形地将它们的变化与未来的目标联系起来。

总结
制订你的计划并且寻找教育机会

当我们做家长的在很多年之前开始谈论零花钱、家务和工作的时候，我们还不知道这些词会伴随着孩子直至长大成人。甚至今天，我和卡罗尔还会对彼此说：“喔，你要找个更好的工作才能买得起它！”

既然你决定把钱交给孩子，就要给他们机会来锻炼管理资产的能力，辅助他们探讨感受，并且做“如果……会怎样”的情景假设。在这个年纪，所有的事情都要让他们自己动手，并让他们看到这样做的直接结果。这也是一个让他们犯一些小错误的好机会，然后和他们谈谈感受。

一旦你制订好了规则，就可以给他们工具了。例如，硬币、存钱罐和玩具（就像秘密存钱罐一样），帮助他们通过玩来学习理财。我们将在后面的章节中分享更多的工具。

本章要点

- 决定是否、何时以及给多少零花钱。
- 给孩子分配适合他们年龄段的家务。
- 当孩子家务做完以后，分配给孩子工作，帮助他学习成为企业家以及学习理财。
- 不断寻找理财的教育机会。

第四章

升小学：可以自主购物啦！

“刚铎·普里穆隆（GONDOR PRIMULON）。”

——电视剧《下课后》（*Recess*）

本章金融术语
与概念

- 学会利用二手商店、旧货市场和快餐店进行采购。
- 搞定迪士尼：逛街与购物。
- 每个月把 1/10 的收入存入家庭银行。

道格
升入小学

每个家长都盼望着孩子上小学的那一天！这是他们第一次真正地学习阅读和数学技能并且了解大人是怎么度过一天的。

作为家长，这是一个可以用稍多一些财商知识便可加倍提升他们学习效果的机会。无论孩子是在家接受教育、读公立学校或是私立学校，都可以学习金钱的多种用途。他们可能在幼儿园时期就可以学习财商知识，或是直到小学三年级才表现出兴趣，但学校里有各种机会。

小学也正是“同伴指导”正式开始的时候。最初，孩子们拥有不同的技能和意愿。其中一些孩子已经开始读写而另一些孩子则在追赶的路上。他们都从彼此身上学习，同龄人的压力也开始了：不仅仅是阅读和参与学校的游戏活动这些方面，还包括时尚、玩具和科技用品。

随着社交面的拓宽，孩子们会养成新的习惯。下课后，他们或许会在家里做一些奇怪的标语。又或许，他们会与那些酷酷的孩子们一起享受户外时光。这个时候，他们开始组建自己的社交网络并且决定与谁做朋友。

从导致孩子做出诸多错误选择的原因来看，同伴压力的名声并不是很好。然而这也是一个可以鼓励孩子养成更好行为的教育工具："看看其他孩子是如何与人好好相处的？你也想和他们一起玩吗？"鼓励孩子记住自己的礼貌与言行，试着分享！这是一个培养社交技能的强大工具。

孩子也会从朋友那里学到一些物质上的喜好。每个人都会被消费者广告和聪明的营销策略所吸引，但是最终，我们大多数人都会懂得实物玩具不如广告上看起来的那么好。

这是一个充满选择的新世界，父母可以帮助孩子们找到最佳选择。

在卡罗尔开始读小学之前，她连续几年都有零花钱，并且知道规则。她把零花钱存放在她房间里的小存钱罐或钱包里，她偶尔会让我们帮她把钱存放在安全的地方。当她要钱的时候，我们基于对她的信任，会迅速还给她。

她通常会坚持做家务，偶尔也会为了买玩具或玩游戏而想要赚更多的钱。"家务在前，工作在后"这个提醒足够让她保持动力。她帮忙修理草坪、洗车、粉刷房子。她可能会搞砸，因此，我们需要集中精力指导她并且要求她保质保量完成工作，不过她在集中精力的 30 ~ 45 分钟内通常都做得很好。

她也学习了很多关于快餐、采购、购买纪念品、为购物买单的知识。

当卡罗尔上小学的时候，她已经长高到可以够到麦当劳的柜台了。我和玛吉不得不非常耐心地对待这个教育机会，但我们通常都会在快吃完饭的时候找一个机会。比如先问她要不要吃冰激凌，一旦吸引了她的全部注意力，我们就教她如何点一个甜筒，如何把钱给收银员，然后该得到多少找零。一开始我们还会陪着她一起去柜台，但当她去了几次以后，就已经学会自己拿着钱去做这笔交易了。

卡罗尔
一点点钱换来一顿大餐与一堂人生课

随着我长大，我仍然喜欢吃冰激凌，尤其是麦当劳的香草味冰激凌。当我长高到可以看到柜台面并且可以拿住小东西（比如纸币和硬币）而不会掉下来的时候，父母就开始教我如何自己购买冰激凌。通常妈妈会带我去柜台附近远离家庭餐桌和麦当劳游乐场打扰的桌子，教我说："能帮我买个冰激凌甜筒吗？"并且给我正好的零钱。妈妈会在桌子旁看着我径直走向柜台，我把满手的硬币给到收银员，用我小大人的声音说："请问我可以买个甜筒吗？"如果收银员没有听懂，他们就会看向妈妈。妈妈就会用收银员能听到的声音对我说："卡罗尔，我想你的意思是想买一个冰激凌甜筒。"收银员明白了并且在我又一遍大声重复这个句子的时候开始按键操作帮我下单。大概 1 分钟后，我一边舔着我的冰激凌甜筒，一边开心地回到妈妈身边。

我 4 ~ 8 岁时，购买冰激凌甜筒的日常随着我财商知识的增加而不断在改变。当我一年级的时候，父母可以放心地让我自己去柜台，妈妈不必在附近等了。当我二年级的时候，我可以快速地计算加减法，父母会给我整张钞票而不再是正好的零钱。我会在柜台数好找零并把找零和收据带回来给父母。然后，父母会让我按照收据再计算一次找零。当我三年级的时候，父母相信我已经可以正确地计算找零因而不再核查了。也是在我 8 岁的时候，我已经有足够的零花钱并且可以自己购买冰激凌甜筒了，甚至可以升级到麦旋风（一种更大杯装的带有糖果或混合饼干碎的软冰激凌）。

当我 10 岁的时候，父母在麦当劳已经不用再操心点餐的事情了。他们进来后会找个桌子坐下，告诉我他们想吃什么，然后给我几张 20 美元钞票，让我自己去柜台点餐。这是一个耐心的测试，观察我是否可以处置金钱，听懂并且把餐品名字记住。直到几年以后我才意识到，他们一直在培养我自食其力的能力，如果有一天我结婚并且有了孩子，也要为他们弄食物。至少，即使父母不在身边，我现在也已经可以自食其力了。

因此，如果我能数钱，可以购买我自己的食物，父母还可以把哪些事情“委托”给我去做呢？可能的答案会越来越多。

道格
采购

上学也意味着要采购更多的服装，更多的是去二手店和旧货店采购！

卡罗尔一直都在这些地方采购，但是她学校的一些朋友却不愿意穿这些不知道从哪里来的二手“破衣服”。我们探讨过如何用只能在商场买一件T恤的15美元在二手商店购买4 ~ 5件几乎9成新的同样的衣服！她可以拥有在学校里和电视上看到的同样印有迪士尼角色图案或花哨设计的衣服，而且完全不需要花费在迪士尼实体商店购买时的昂贵价格。

当我们在大型百货商店购物时（就像20世纪90年代在亚马逊出现之前人们所做的那样），会关注衣服和玩具的价格。我们会商量购买这些东西的预算，然后做出购买的决定。我们会对比商场与二手店和旧货市场的价格，给孩子解释这些便宜的东西可以让我们攒下更多的钱以用来储蓄和投资。换句话说，她需要一份非常好的工作才可以攒钱在商场买衣服。

到如今，她6 ~ 8岁时，已经可以与成人交流并且不在父母的过多监督下完成交易。当我们在收银台的时候，她通常可以与收银员交谈并且帮忙刷信用卡或者支付现金。如果她用自己的零花钱或者工作所得买玩具，就可以与我们一起完成。她也足够成熟到可以接受别人看到她自己购物时的惊叹目光。

我有另外一个教孩子理财的建议：用手机存钱。在20世纪，是没有这些东西的，但今天的孩子完全能够学习如何使用智能手机帮父母存一张纸质支票。

今天的孩子完全能够学习如何使用智能手机帮父母存一张纸质支票。

年轻人现在是否还使用纸质支票这个另说，但我们仍偶尔会在信箱里收到几张。这是一个向他们演示金钱如何流动的机会。如果你需要存支票，就把你已经登录网银的手机交给孩子，监督他们背书支票（当然是咱们家长签字）并提交存款。当存款结束后，给他们看银行账户在交易后的数字变动。

卡罗尔
采购喽!!!

现在我们回到旧货市场。去旧货市场是一个非常好的教给孩子们很多生活技能的机会，而不用冒带孩子去“真正”商店可能带来的风险。下面列出旧货市场可以提供教育机会的几个原因。

• 旧货市场通常在周末早晨营业，那个时候孩子们已经起床并且正跑来跑去找事做。

• 旧货市场的设置对孩子们十分友好。大部分摊位都是铺在地上或者在一个矮桌子上，比商场里高出孩子们两三倍的货架更方便孩子们浏览。毕竟孩子们的攀爬欲望对于任何人的安全来说都是个问题。

• 在旧货市场里，比较容易照看孩子们。多亏了缺少遮蔽物，流连商品的孩子们不容易脱离家长的视线。

• 把孩子们从旧货市场中带走比较容易。如果遇到孩子们突然发脾气或者其他突发状况，又或者是周围有太多人，理论上我们可以马上扔掉手里的任何东西，把孩子们转移到其他地方直到孩子们恢复平静。

• 孩子们懂得了“非买勿动”或者“试用之前需要获得允许”。更极端的例子是孩子们懂得了“弄坏即赔”的规矩，在旧货市场里付出的代价要比在商场里便宜得多。

• 旧货市场更安静。没有推车嘎嘎吱吱的声音，没有头顶各种喇叭播放通知和广告，也没有收银台叮叮当当的声响。一些旧货市场有时候也会用大音量的音乐招揽顾客，但顾客可以直接过去和摊主说让他们把声音调低一些。

• 孩子们可以认识邻居。本地旧货市场会吸引很多邻居参加，你和孩子们都可以结识邻居并且学习如何与陌生人打交道。我通过旧货市场认识了几个住在附近的新玩伴。

• 可以禁止孩子们在你眼皮子底下偷东西，但如果他们真的这么做了，他们需要当面——既不是一个无名公司也不是一位严肃的警察，把偷来的东西还回去并且道歉。

• 孩子们可以通过在旧货市场做的那些正确采购决定来

积攒信心。当然，一些必要的错误也是要犯的，但犯这些错误的代价在旧货市场里可比在商场里便宜多了！

旧货市场最大的不便就是现如今越来越不普及了。有了Craigslist网站、脸书市场和买卖交易平台亚马逊、不断增长的二手店捐赠，旧货市场几乎灭迹了。

一个替代的选择是本地交易市场，可以是农贸市场、旧物交换会或者跳蚤市场。一些邻居会组织社区交易集市，通常是在大家可以聚在一起卖东西的停车场或者一片空地上。是否决定带孩子过去参加很大程度上取决于这些集市的质量、产品适用性以及大人对安全度的要求，尤其是当这些集市位于交通繁忙、七扭八拐或破旧不堪的区域时，大人们也不愿意将孩子们带过去。

另外一个选择是光顾社区二手商店，比如旧货市场、二手商店是以低风险教给孩子基本生活技能的非常棒的地方。当然，二手商店比旧货市场要喧闹一些，很多二手商店有很大的空间而且布满了各种遮蔽物与高高的货架。再次强调，二手商店里是一个学习“弄坏即赔”原则的好地方，看起来熙熙攘攘的二手商店远没有塔吉特或者沃尔玛那么嘈杂。一些二手商店甚至开始尝试给孩子提供玩具试玩区，这也是一个可以让父母购物时分散孩子们注意力并让他们保持安静的好方法。

现如今，我已经自己赚钱了（非常棒），但我仍然会去塔吉特、折扣店Ross Dress for Less（我的最爱）、旧货市场和亚马逊买衣服。我已经不再是孩子而且在逐渐长大的过程中变换衣服的尺码，我发现在 Ross 花 30 美元买一件可以穿几十年的衣服很划算。此外我也发现，在 Ross 找到一件我喜欢且尺码合适的衣服比我花 5 美元在二手店买衣服或者在商场花 150 美元买衣服更让我有成就感。但就像所有理财课程一样，这是我 20 年来通过自己买衣服并结合之前讲到的何物、何时和如何所学到的一课，在初中、高中和大学里的自主购物经验加速了这个学习过程。不知何故，我只在 Ross 和旧货店找到过好的西服套装。

Pinterest 网站是另外一个棒得出乎意料的购物工具。作为孩子，在成长过程中，我并不太确定我适合什么风格的着装。最糟糕的就是在人来人往的商场里试穿时，我身边的人都在对我说："买它……都买下来……都买下来……" 因此，我不会去这些实体店而是会去 Pinterest 网站找灵感并找到我真正喜欢的风格。我也喜欢可以在 Pinterest 网站上尽情关注我喜欢的东西，不管这身打扮是便宜还是昂贵，每年转换风格或流行趋势改变时我都想这么做。到了孩子们买校服的时候，这个可以作为孩子们的一堂课，教他们做计划并决定哪些是自己真正想要的。

Pinterest 网站可以应对任何年龄段的孩子对玩具和其他想要东西的冲动。我在 Pinterest 网站上有一个命名为"拿下"的收藏夹。每次我看见什么想要但是又不需要的东西，我就拍个照片或扫个条码存在我的收藏夹里。大多数时候，当我离开商场的那一刻就对这些东西失去了兴趣。还有一些时候，我发现这个收藏夹是一个非常好的给朋友和先生参考给我买礼物的清单。

道格
搞定迪士尼

当我们家第一次去迪士尼玩的时候，我们做父母的都预料到我们要面对一场极致的营销。我和玛吉本以为我们已经做好了心理准备，但实际上哪怕是成年人也会因为这些琳琅满目的产品而变得不知所措。

我们在迪士尼大街上的第一个纪念品商店就遇到了麻烦（幸好员工离开了）。卡罗尔看到那么多好东西全部都想买下来：刚看到一个东西没几分钟，她就想花光她攒下来的每一分钱买下来。当我们和她讨论价格和选择的时候，她就开始掉眼泪并且微微崩溃。（不仅仅是我，卡罗尔也很不开心！）夹杂在这么多的情绪压力中，玛吉想出了一个非常聪明且创新的策略。

当大家平静下来以后，她告诉卡罗尔“采购”与“买买买”的区别。与其争吵应该买哪个，不如前两天全部用来采购：把所有的东西看一遍，然后把她最喜欢的东西列出来。第三天，她又检查了一遍列表上的东西并决定想买哪些。

这个方法解决了她的纪念品选择焦虑。她很高兴地把每个店都逛了几分钟，也欣赏了迪士尼的花车表演。当知道她不会被这么多选择搞崩溃的时候，我们做父母的终于松了一口气。

卡罗尔
迪士尼 T 恤的小把戏

当我父母说“边走边看”的时候其实并没有在开玩笑，因为他们在某些时刻才会突然意识到眼前是一个非常好的教育机会。但当我逐渐长大，个性更加鲜明的时候，父母也变得已经可以提前数月预见各种教育机会了，其中最棒的例子就是迪士尼 T 恤的小把戏。

在我们去迪士尼乐园的前一晚，我们在当地旅馆歇脚并为第二天的行程做准备。让我吃惊的是，父母送给了我一个礼物：好多件我喜欢并且穿起来合身的迪士尼 T 恤，T 恤的数量可以足够让我在迪士尼乐园里每天换一件新的。我欣喜若狂，特别感激父母送的这些 T 恤，更因为能穿着我的新 T 恤在迪士尼乐园到处跑而格外激动。我不必再为了“寻找纪念品”而崩溃，反而更加渴望把时间真正花在迪士尼乐园里观赏游玩。

几年后，妈妈终于告诉了我这些迪士尼 T 恤的真相。在去迪士尼乐园之前的几个月里，妈妈去了好几次本地的 Goodwill（慈善机构办的二手货商店）采购了足够我整个假期穿的T恤。我根本不知道这件事，而且我其实也不关心这些T恤是从哪里来的，哈哈！多年以后，对我来说更有意义的是我那次可以骄傲地秀出我穿各种T恤的经历，而不是那些T恤究竟是从哪里来的。

如果你的孩子不像我这么容易对付，仍然坚持要去商店怎么办？我父母的做法是，他们愿意让我去任何一家迪士尼商店，但我必须保留一张清单，上面列出我想要的东西以及在哪家商店可以找到它们。现在我则会用手机把我想要的东西拍下来。每当一周快结束的时候，我就会在这些东西里选一个，父母会带我去商店买下来。虽然父母愿意给我买这件“特殊的东西”，但我需要为了这些额外想要的东西付出代价，因此，我会快速地从迪士尼商店中认清哪些是我负担不起的东西。

道格
亲戚的礼物与卡罗尔银行的存款

与孩子有过吃快餐、购物和迪士尼的经验之后，亲戚的礼物就更容易处理了。当孩子们懂得如何为了买东西而进行储蓄和投资，并且确保有足够的钱来支付的时候，就是一个非常好的“教育机会”。

在卡罗尔读小学期间，亲戚认为她已经可以在生日和假期的时候收到“真正的金钱”作为礼物了。20美元对她的可自由支配开支产生了很大的影响，因此我们尝试利用这些机会来教导卡罗尔。

我们讨论她在消费、储蓄或捐赠方面的选择。这很容易让她想起我们在迪士尼乐园购物的情景。凭借她学习到的新技能，她可以写下自己的想法和选择，并列出自己的清单。

对于一个仍在学习控制冲动消费的年轻人来说，“存钱”是一种延伸。正如大卫·欧文在《我家的老爸是银行》一书中指出的那样，孩子们想要掌控自己的钱。如果父母为了“存钱”，或者更糟的为了所谓的“大学基金”而没收孩子在生日得到的钱，那么从孩子的角度来看，他们的父母一定是疯了。在这种情况下，孩子对钱的唯一理性控制就是在钱被没收之前把它们花掉。

但如果一个孩子能用这些钱赚更多的钱呢？也许期望一个孩子为了一个遥远的目标而练习延迟满足是不合理的，比如大学，更别提退休了。另外，把钱给孩子，让他们进行储蓄和投资也许是可行的。再重申一下，我们必须帮助卡罗尔对我们的家庭银行系统建立信任。

当我们探讨她可以用新的生日财富去做所有事情时，我们建议用其中的一部分在银行开一张“存款证”。我们只是帮她简单保管，并把它称为卡罗尔银行的一张存款证。

小孩子比较难理解百分比，所以这家银行的存款证每月为 1 美元存款支付 1 美分的利息。也就是每月 1% 或每年 12% 的收益。

每一个成年人都想在他们的投资上赚取 12% 的年收益，

尤其是任何时候赎回这张存款证都无须支付任何佣金！

我们甚至在 Quicken 软件中定期更新她的存款证余额，这与我们用来追踪家庭财务状况的软件是同一个。每个月我都会输入利息，并且给她看电脑屏幕上显示的余额或打印出来的月结单。虽然现在我们已经可以在平板电脑或手机上追踪储蓄卡家庭系统上的数字了，但孩子们仍然会保留纸质月结单。他们可以享受手中拿着一张纸的感觉，或者把它贴在卧室里作为提醒。

我们告诉女儿，储蓄可以让她的钱获得巨大回报，但前提是我们必须获得孩子足够的信任。在那年余下的时间里，她好几次要求取出所有的存款，从而来测试这个系统的可信度。我们每次都很迅速地回应，给她精确到分的现金。一旦她收到了钱，我们就会指出如果继续存款，下个月她可以拿到多少利息并且问她想要用钱来做什么。谈话结束后，她通常会为了更多的利息而把钱重新存进来，但是整个流程会让她对银行建立信任并充满信心。

当然了，她仍然需要计算一下并确保她有足够的钱买到想要的东西。

卡罗尔
信任卡罗尔银行

父母和他们的卡罗尔银行体制让我最欣赏的是，他们从来不问我取钱的目的，也不问我准备用钱做什么或者把钱花在哪里。如果我想取 20 美元，父母就会马上给我，只会问我要 20 美元的纸币还是其他面额。

在我还是个小学生时，曾经数次要求父母把钱全部取出来，以此来“测试”这个系统。当我手里拿着一堆现金或在地毯上数钱时，这种快乐是短暂易逝的。在这种新奇感消失殆尽后，我通常又会把钱交回给父母，让他们放进卡罗尔银行“保管”。

父母在我身上做了两件事情。

（1）让我在到达进入金融机构或使用自动提款机的年龄之前，就习惯了金钱交易。这是因为他们把银行柜员的问题都问过了：想从哪个账户里提款？提款多少？要多大面额的钞票？

（2）父母给予了我隐私权，就像尊重我在卧室里或打电话时的隐私一样。通过给予我隐私权，使我感到哪怕父母不认同我把钱花在哪里，但他们仍然信任我。

我和父母是相互信任的，我明确信任卡罗尔银行的即时交易，父母也充分信任我花钱的决策。有了这种双向信任，我更愿意听取父母关于卡罗尔银行收益上或在其他方面的意见，比如建议我为了即将到来的家庭出游而存钱，而不是把钱用在周末看电影上。

最终，这种相互信任加强了我们的家庭纽带。同时，这是父母为我给这个家庭建立积极财富体验的一种方式。

道格
拥抱财富自由

在女儿学习了百分比和复利方面的数学知识之后，我们做父母的就进入了另一个人生新课题：财富自由。

在卡罗尔 9 岁之前，我们已经存够了钱可以不用再工作，并且靠投资就可以正常生活。你可以在《财富自由与退休的军事指南》或军事指南网站上读到更多关于这方面的内容，但在本书中，我们将讨论你的财富自由对孩子的影响。

我们人类对于文化强加给我们的标准很敏感，其中一个标准就是“以身作则”，为孩子树立好榜样。当我们接近财富自由时，我们想：“如果我们不工作了，女儿会怎么想？我们怎样才能证明我们仍然具有社会生产力？我们新的生活模式如何让她为以后的工作做好准备？”然而，一切都很顺利。事实上，我们的女儿更加有动力实现自己的财富自由。她看到财富自由提升了父母的健康和幸福感，而她也希望可以这样。

父母们，我这里有一些消息，不是关于我们的。虽然孩子们仍然会关心我们和我们的所作所为，而我们也仍然会让他们难堪，但他们大概率不会关注我们的社会地位。他们关心的是如何在自己学校圈子里与其他同龄人保持同步，而不是我们在职场上如何打拼升职。

在孩子眼里，如果我们因为工作而较少陪伴他们，那久而久之他们就不太会总想着我们了。我们的价值与陪伴他们的时间和放在他们身上的注意力成正比，而与我们在大公司做了多少报告或上季度削减了多少运营费用没有关系。当年轻人离开家去找工作时，他们最不愿的事情就是被父母的脚步所牵绊。他们将开辟属于自己的道路。

小孩子也许不能完全理解退休计划。他们肯定还没有准备好去探究预算和投资的细节，所以最好还是从大局出发。他们会很开心我们可以有更多的时间陪他们，同时也想知道家里是否仍有足够的钱过有趣的生活。

当薪水快用完时，我们开始谈论预算。我们向女儿保证，有足够的钱来负担房子、食物、汽车和其他非常重要的部分，比如她的零花钱。我们有足够的钱来负担需要的一切，而且也有更多的钱可以买我们想要的东西。

我们探讨不同的选择。当女儿想要买一件非常贵的东西时，我们不会说“我们买不起”，相反，我们会把话题转移到如何做选择上，并且问她：“你如何可以负担得起？”“可以少买点其他东西从而多存点钱？”“不再找朋友们玩而是把时间用来工作赚钱？”“为了那件非常棒的东西你愿意花多长时间去工作赚得能够购买它的钱？”

在我实现财富自由并且退休的几个月后，我得到了一个很好的工作机会。我非常高兴能拿着高薪去做我喜欢的事情，然而我最终还是意识到，每周仍然需要花 40 多个小时来处理我不喜欢的事情——尤其是在高峰时上下班。

女儿无意中听到我们谈论此事，我们告诉她，我得到了另一份教书的工作。她知道我喜欢教书。我们让她知道，家里已经有足够的钱，并不需要更多。而且为了对其他老师公平，我至少需要工作一年。但特别好的是，如果我接受了这份工作，我们将有额外的收入来买一匹小马驹。

卡罗尔已经学习如何骑马了，而且她非常想拥有一匹小马驹。为了大家都好，她建议我接受这份工作。

我们解释说，如果我们要去工作，陪她的时间就会变少。我们会每天工作到学校吃晚饭的时候，没有时间陪她，她放学后不得不参加几小时的课外项目。偶尔我们也许会把工作带到家里，或者不得不出差。我们没有多余的时间去指导她的运动队，也没有那么多时间陪她做学校实习。

她不仅失去了与我们相处的时间，还需要负担起照顾小马驹的责任。这是一件大事，而且她不得不处理大量的马粪，当然，在她学骑马的时候已经对这些非常熟悉了。

我们向她解释了这份工作对她生活上的影响之后，她最终决定还是想要与我们多在一起，而不是去照顾一匹小马驹。她知道我们已经有足够的钱，让我不要去工作了。

这又是一个成功的教育机会。

卡罗尔
钱可以负担任何东西，但不是所有

当讨论爸爸的工作和马粪时，我学到了有价值的一课：钱可以负担任何东西，但不是所有。我第一次学到这个道理是通过一件“特殊的东西”,但最主要还是因为这是“一个规则”，如果我打破了这个规则，就会“有坏事发生”。通过这个关于爸爸工作的讨论，我隐晦地理解了，钱可以用来买各种各样的东西，还有各种各样的“经历”——如退休自由，但只有钱并不足以用来负担所有东西。

这是我第一次正面认识到选择的力量。当然，在几年后的经济大萧条中，选择的重要性变得更显而易见，但通过听爸爸谈论要“自由时间”（在家里陪我）还是“东西”（一匹小马驹），让我按照自己的节奏懂得了这个道理，而和经济崩溃无关。

既然我认识到选择的力量，我会更加负责任地对待我的选择。当我意识到选择是基于不同结果，而不是“预设”的规则时，我会通过权衡我能实现的目标和我想要的东西来做出选择。现在我理解了目标的含义，我会把各种后果，或者可能由我的选择带来的各种风险都考虑进来。诚然，我还是个孩子，所以我的目标更像是买一个“任天堂新款游戏机”，我的风险则更像是“游戏机一旦掉到地上就会摔坏”。但孩子终要先学会开始。

当父母让我开始学习下一个重要的财富话题——长期储蓄和投资类型时，对风险、目标和选择带来的结果等概念的理解就变得格外重要。

总结

学校开辟了新机会，要好好利用！

随着孩子们结交了新朋友，感受到了同伴压力，我们有更多的机会和他们讨论逛街与采购。随着他们懂得了更多的数学知识，我们可以借机向他们展示如何数钱、找零以及处理他们自己的交易。

我们有非常多的机会带着孩子们逛街。我们建议带孩子去旧货市场和二手商店，而不是去昂贵的百货商场；我们帮孩子们弄懂如何对比价格，比如一件 T 恤在二手商店要多少钱，而在名牌店里的新品要多少钱。

这也是我们鼓励孩子存钱并向他们展示复利是如何运作的机会。让孩子信任他们的银行，让他们行使提取权，并且给予他们隐私。最终，我们要帮孩子理解风险、目标和不同行为带来的后果。让他们不要第一眼看什么就买什么，而是提醒他们不同种类的消费方法以及长期结果与奖励。

本章要点

- 教孩子如何花小钱和数钱、找零。
- 给孩子演示存款证里的钱如何增值。
- 抓住日常的“教育机会”和孩子探讨理财。

第五章

十一二岁少年的财务冲动

“有普通人，也有诺德曼。”

——杰夫 · 莫蒂奇卡（Jeff Motichka），卡罗尔以前的海军上司

本章金融术语与概念

- 分润激励。
- 儿童 401K 储蓄账户。
- 第一个储蓄和支票账户（银行或信用合作社）。
- 投资股市。

道格
帮助孩子建立财务激励方案

我们女儿的 8 岁生日是一场巨大的财务转变。

本章描述的激励措施对当时的我们来说似乎是个好主意。但几年后，我们才知道那些激励措施有多么不寻常。卡罗尔的海军上司杰夫·莫蒂奇卡在评论卡罗尔创造激励方式的题词中非常简洁地概括了这一点。

这些想法不应该是不寻常的。我们想把这些新颖的诺德曼家族财务激励法变成新常态。

到了三年级，女儿已然对学校事务了如指掌。她知道所有的规章制度并且大多数都会遵守，她也非常喜欢学校用品（现在仍然喜欢）。她学会了如何买午餐，野外旅行也让她了解了所有校车。

我们有了更多的进行财务激励的机会，她生活中的方方面面都充满了可以利用的“教育机会”。

先从学校用品开始说起吧。睿智的父母都知道一年当中要不停地为孩子们准备东西，特别是从旧货商店和二手市场，而不是等着收到返校用品清单和到亚马逊购物节那天才开始采购。如果我们的女儿可以参与这个学校用品采购的“寻宝活动”，那她就可以多存下一半的钱。

这就是“分润”概念的雏形：如果我们的女儿找到了一个更便宜的买东西的方法，那她就可以获得这些省下来的钱的一部分。

接下来我们在她的学校午餐上做了一个激励计划。每周我们都会给她午餐费，她可以决定买学校午餐还是从家里带一份健康的午餐去学校，如果她从家里带饭，那么她可以留下这省下来的午餐费的一半。随着她长大，学校的饭票从纸质升级到了电子卡，我们也从每个月给她一次午餐费升级到了一个季度给她一次午餐费，以此来提高她的规划技能。我们还帮她制订了一个预算方案，用来记录她在午餐上花了多少钱，以及从家里带饭可以节省多少钱。

卡罗尔小学时也是一名杂货店专家，可以自己推着购物车采购并核对购物清单（一遇到高的货架仍然需要帮忙，但她个子长得很快）。每次去购物我们都会说到学校午餐的价格、杂货店里半成品午餐的价格及从家带饭的成本。从杂货店买半成品午餐可以成为一件“特殊的东西”（第二章讲过），同时我们也是优惠券购物专家。如果她用优惠券买到了购物清单上的东西，那么她就可以把省下来的钱自己留下一半。

我们甚至还用过交通激励。我们给她坐公交车去上学的车费，但如果她骑自行车去学校，那么就可以把节省下来的路费自己留下一半。但如果她睡过头了需要我们开车送她去学校,那么她就需要额外支付我们一点钱。你会发现这种“惩罚”的威胁是她每个早晨起床的动力。

卡罗尔还做了一件让我们意想不到的事情。她发现，如果她可以在学校的休息时间完成当天的作业，她就没有必要带着很沉的东西回家了。这样的话，她会给我们打电话（她那时用的是学校门卫的电话）说她会走路回家。一两个小时以后（非常及时！）她就会到家了。我们会给她不搭乘公交车而节省下来的一半的钱。

卡罗尔
骑行

骑行在 FIRE（即财富自由、提前退休）社群里是很流行的生活方式，因为它是一种可以代替开车而又非常便宜的交通方式。多亏了当地的交通状况，诺德曼家族自发养成了骑自行车的习惯，既节省时间又节约金钱。爸爸发现骑行不仅可以节约时间、汽油和汽车保养费，并且每天骑车上班可以疏解压力并改善身体情况。

还记得孩子们怎么看事情的吗？我看见爸爸每天骑车上

下班，我就有了想要学骑自行车的冲动。和开车不同，骑自行车没有法定年龄的限制。父母不会开车载我去很近的地方，比如学校、本地的场所和骑自行车就可以到的课后活动场所，除非是距离太远，不能步行也不能骑自行车的付费课后活动。此外，骑自行车比走路快很多，而且比跑步出汗少。

爸爸不仅仅教会了我如何骑自行车，也教会了我打手势和遵守交通规则。他花时间给我挑选尺寸合适的安全帽和防护服，也教给我基本的自行车维护知识，比如换胎和给齿轮上润滑油。从我读幼儿园到三年级，他和我一起骑车上下学。到了我四年级的时候，他终于放心了我的骑车技术并且让我自己骑车上下学了。

就像我拥有的许多东西一样，自行车是我成长过程中应承担的责任。我必须照顾好我的自行车，而且必须记住把它停在了哪里（比如，必须要记住我把自行车停在了朋友家）。我愿意去寻求帮助，或者用我的钱把自行车“升级”一下，毕竟买自行车是我的选择，也要用我的钱去维护。随着我逐渐长大，小时候的这些技能就转化成了保养汽车的技能。

卡罗尔
成绩奖励

我的同学们常遇到的奖励策略是：如果每学期末的评分可以到达 B 或 B 以上就可以得到奖金。这个策略对付小孩子可能有用。警告一下：这种激励并不能准确地代表“现实世界”的薪资情况。

我和同伴们发现的另外一件事情是：无论是否在军队，高效、高质量地完成工作的回报通常都是更多的工作……在毕业后的前几年里，我们很多人都在为“做好工作”而挣扎，因为我们试图在“做每件事”和“工作太努力”之间取得平衡。

相较于用钱奖励好的成绩，我更推荐奖励“特权”。比如周末可以晚睡一个小时，一个月有几个晚上可以花父母的钱买定制比萨吃。孩子可以选择要哪种奖励，这样你们做父母的就可以知道孩子们最想要什么。总之，在现实世界中，最好的员工可以得到最高的“优先级”和“特权”，哪怕他们不是赚钱最多的。

道格
家庭会议与新特权

这里我需要介绍一下如何引导女儿进入下一个更大的财务激励阶段的原理。

当卡罗尔到了上学前班的年纪，她开始参加家庭会议。我和玛吉每天都会抽出几分钟时间用来回顾家庭计划或调整养育孩子的方法。现在卡罗尔每隔几周就会参与一次我们较重要的讨论。我们会探讨一些重要的事情，比如搬家到另一个军事工作基地或增加卡罗尔的零花钱。为了照顾到卡罗尔的注意力区间，会议一般控制在5～10分钟，我们也常常会询问卡罗尔的感受和想法。要让家庭会议简短而有趣，给每个人讨论的空间。合理的要求要马上认可，较大的要求可能有“每周一次”或“完成家务后”才能去做的限制。

每个家庭都可以利用即将到来的孩子的生日作为开启新特权的里程碑。在关于孩子的教育讨论和家庭会议中，想想孩子们想要做什么新鲜事（让他们自己骑自行车去当地的公园）和我们家长可以同意做的事（只有周末下午才可以）。如果你“打算考虑一下”，那么就让他们知道什么时候可以给出答案。孩子们希望在沟通的过程中有好的规则和明确性，就像成年人在工作中希望的一样。

随着孩子们逐渐长大，他们可以在获得更多自由空间的同时承担更多的责任。他们是否能成功拿到这个里程碑式的特权？对他们来说又意味着什么？我们做父母的需要让孩子明白如何才能让我们认可他们的想法。

这些家庭会议是宣布下一个生日即将生效的最新财务激励政策的绝佳时机！如果我们打算增加他们的零花钱，那么同时也要增强他们的财务责任感，比如他们必须把多的零花钱的一部分存起来或向慈善机构捐赠更多。他们也可以做更多的家务。也许我们会为他们的工作支付更高的工资，但同时我们为了要求他们更好地完成工作，也会教他们一些与新工作相匹配的新技能。

他们不仅期待礼物和聚会，更期待被当作一个大孩子甚至成年人来对待。这是一种成人礼。

你也可以通过设定新的财务目标将延迟满足提升到一个新的水平。有一天，当我和玛吉谈论退休账户时，我意识到也可以让女儿了解一下。于是这就变成了一场关于宏远财务目标的育儿讨论，比如做长期储蓄并且感受投资的复利增长，而不仅仅是看交了多少钱。如果想要达到财富自由，年轻人需要哪些重大的里程碑呢?

父母间的思想碰撞促成了我们最大的财务激励方案，也是有史以来最棒的家庭会议。

道格
儿童 401K 储蓄账户

我们在第一章里提到，孩子们认为大人们总想着那遥远神秘的“大学基金”是疯狂的表现。孩子们在生日上收到了礼金，然后这笔可爱的钱很快就被父母强迫存在一个他们至少 10 年都不能碰的储蓄账户里。对于孩子来说，这 10 年是整个人生那么长了!

我们做父母的知道那种感受。所以我们决定通过我们十几岁时的经验制订一个更合理的目标：汽车基金。

首先，我们告诉卡罗尔为了她 8 岁生日，我们决定增加她的零花钱。她长大了一岁并且有足够的能力管理这些钱了（卡罗尔表示：“耶！”）。然后我们告诉她每周零花钱会多 5 美元，但是她需要把其中的 3 美元存到 401K 储蓄账户里（卡罗尔表示疑惑：“什么？”）。

接着我们解释说，大人们为了实现财富自由需要往 401K 储蓄账户里存钱。大人们的 401K 储蓄账户是与工作关联的，他们会把工资的一部分存进去，为以后退休做准备。退休以后是一个漫长的阶段，而且会需要很多钱。卡罗尔的祖父母到卡罗尔 8 岁那年已经退休很多年了，所以卡罗尔知道退休究竟意味着什么。

最棒的是，401K 储蓄账户有雇主匹配方案。孩子们每存进去 1 美元，就可以从父母那里得到相应的金额。我们会把所有钱用来投资并教她观察这些钱的增值。有时候这部分投资甚至比卡罗尔银行存款证增值得快。

不太好的消息是直到她 16 岁时才可以碰那笔钱。但好消息是到她 16 岁考取了驾照，就可以自己买车啦！

当她意识到终有一天她会到 16 岁，并且会和父母一样有车时，她震撼极了。

回到 2000 年，告诉一个 8 岁的孩子，等到她 16 岁生日时，这个账户里会有 5000 美元，看起来是明智的做法。那时她就有足够的钱可以买一辆二手车，还能剩下一些钱加油和买保险。

在这背后，我们为女儿的儿童 401K 储蓄账户做了一个表格计算，使每周的 5 美元以及父母相应缴纳的金额在 8 年后变成 5000 美元。我们用了一个非常慷慨的匹配方案（详见附录 A），投资收益为每个月 1%（我们可以以后再讨论合理的股票回报，现阶段最重要的目的是让女儿知道复利有多神奇）。我们计算出 401K 储蓄账户里 8 年的定期缴费以及父母相应缴纳的金额在她 16 岁生日时会增值至 5000 美元。每当她查看预算和卡罗尔银行存款单的时候，这个表格都会显示她的 401K 储蓄账户余额。

您可以使用本书末尾附录 A 的表格，或者可以用不同的金额创建自己的表格。儿童 401K 储蓄账户同时也是一个制订计划的好方式。我们可以讨论她喜欢开什么样的车以及如何找到一辆不错的二手车。她真的非常享受想象她长大后的生活，而且她也对如何保养车辆产生了兴趣。当然了，当她为了洗车或给车打蜡赚钱时，有大把的机会可以讨论这些话题。

几年后，儿童 401K 储蓄账户意外地给了她一笔利息，这给了她信心要好好地规划她的未来财富而不是把钱用来与其他人攀比。

做父母的都知道，孩子是有攀比心的，这种情况在他们十几岁的时候尤其严重。在 21 世纪初，年龄大些的孩子会看“豪宅秀”和“嘻哈飙车族”之类的电视节目，里面充斥着非常奢华的房子和车。这种明目张胆的超消费主义在十几岁的孩子中非常受欢迎，对于这些中学生来说，这种生活简直是太梦幻了。

在女儿参加了几年的儿童 401K 储蓄账户后的一天，他们这些 12 岁的孩子们闲聊起他们对于开车的向往。我作为一位旁观的家长，一边假装读书，一边静静地偷听他们的谈话。

孩子 1 说 :“你看嘻哈飙车族了吗? 等我 16 岁拿到驾照的时候，我爸妈会给我买一辆福特野马跑车!”

孩子 2 说:“真的吗? 等我 16 岁拿到驾照的时候，我爸妈会给我买一辆凯迪拉克凯雷德!”

孩子 3 说 :“是吗? 当我 16 岁时，我爸妈会给我买一辆悍马!”

卡罗尔说 :“当我 16 岁时，我的儿童 401K 储蓄账户里就有 5000 美元了，我会买一辆自己的车，并且自己交油费、买保险!”

一片寂静……

孩子 2 问:“什么是儿童 401K 储蓄账户?”

这个做法很快就流行起来了。几周后，其他孩子的父母就开始问我们关于儿童 401K 储蓄账户的事。

在第七章里，我们将讨论儿童 401K 储蓄账户的情况。卡罗尔以自己的创造力和主动性打动了我们。

卡罗尔
一个价值 5000 美元的 401K 储蓄账户比中彩票好多了!

就像所有孩子都相信的那样，我认为终极致富的方法就是中彩票。我做梦都想能买到一张中奖的彩票。大卫·施瓦茨（David Schwartz）在《如果你赚了一百万》（*If You Made a Million*）一书给了我很多关于如何花掉这笔奖金的想法。

但从真正的儿童风尚来看，我认为设立一个儿童 401K 储蓄账户比中彩票好多了，原因如下：

（1）孩子不能合法地购买彩票。

（2）每张彩票的最低价格至少 5 美元。我本来可以用这些钱买一杯果汁冰沙、一张电影票、一张打折 DVD 或五个甜筒冰激凌！

（3）我听说一个孩子的父母已经坚持买了好几年的彩票但仍然没有中过大奖。谁知道我会不会更幸运呢？

设立一个儿童 401K 储蓄账户就像已经中了一张小彩票，只要我坚持定期往里面存钱，我就可以拥有确定的 5000 美元。即使我好几年也没有看到那 5000 美元，但也比“也许永远不会”中彩票的时间要短得多。此外，我还有一些零钱——除了存进 401K 储蓄账户，剩余的零花钱我可以随意支配。对我来说，这已经足够好了！

实话实说，我已经不记得和我 12 岁的同学们有过那样的对话，我能记得的是，在中学时，我的财商知识是另一个让我看起来“不那么普通”的东西。大约在中学的时候，我开始“过滤”我谈论金钱的方式，就像前面的儿童 401K 储蓄账户的例子一样，在财商方面，我已经比同龄人领先了几光年，这有时会导致困惑或误解，比如：

（1）孩子们想找我借钱。

（2）孩子们认为我很古怪或是“太有钱”以至于让我显得那么与众不同。

解决这些问题的方法有很多。第一个方法是我从来不借钱给任何人，哪怕是朋友。如果朋友真的急需用钱，比如 5 美元或 10 美元，我就会说：“没问题，这里是 15 美元，就当作我送你的生日礼物吧。”这样做，我就不用记着还得把钱要回来，而且也不用给朋友买生日礼物了。第二个方法是我不再谈论钱了，除非是被直接问到或者这是学校作业的一部分。

我一直都是看起来比别人更大、更高的人，所以从来没有人会试图偷我的午餐费或抢我的钱包。即便如此，我仍采取了预防措施。上小学的时候，大部分时间我都会把钱包放在家里，只有书展的时候我才带钱包出来。上中学的时候，我身上最多带 20 美元，其余的都留在家里。我会为了大额采购而提前做准备，到了花钱的时候就会往钱包里多塞点钱。

你如果害怕你的孩子被坏人抢劫，那可以考虑建立一个防止他们丢钱的机制。像我爸爸之前说的那样，我会一次性收到一个学期的午饭钱，就可以在注册日的时候把这笔钱尽快存进学校的午餐账户。通常是在每个季度或每学年的第一天，老师知道孩子带着支票和现金要存进午餐账户，会很迅速地帮孩子们存钱进去，防止被坏人盯上。我还记得我高中学校有一个独立于打饭队伍的收银台，这样学生们可以在用餐的时候直接过去把钱存进午餐账户。那时候，我会在不吃上午课间加餐的时候把我手里的钱存进去，越快越好。

道格
第一个支票账户

我女儿在她 9 岁那年又经历了一次重大变化——信用社（Credit Union）同意让她开立支票账户。

信用社甚至给了她一张银行卡！她已经知道如何使用银行卡了，而且她对于可以用印着她名字的银行卡在 ATM 机上取钱这件事感到非常兴奋。

几周后，她把她的银行卡弄丢了，而且未找回。那时银行卡的有效期只有一年，但最刺痛她的是信用社要为更换丢失的银行卡收费 25 美元。我们想看看她准备怎么办。她的节俭此时体现出来了：这一年剩下的日子里她都没用银行卡，直到银行卡过期后，信用社又给她签发了一张新卡。与此同时，她需要用现金的时候就找我们要，但偶尔也要等我们去 ATM 机取钱的时候才行。这些等待提醒了卡罗尔，保存好银行卡是多么重要。

卡罗尔
弄丢了第一张银行卡

那一年非常漫长。从那以后几十年的时间里，我仍然记得丢失银行卡的痛苦！

但从那以后，我再也没有丢过银行卡、身份证或其他重要的卡片。事后想来，我用了非常便宜的价格学到了非常有价值的一课！

道格

使用第一个支票账户

使用支票账户是非常令人紧张的经历。这迫使一个四年级的学生在支票簿上核对她的支票，确保书写整洁并计算正确。（学数学不再只是为了取得好成绩！）通过痛苦的体验使她懂得了一旦开出支票就必须要记录下来。她也体会了无论检查这些数字多少遍，依旧能找到错误的崩溃感受。

在最初的几个月里，我和玛吉分别帮她核对账单和支票簿，混乱的记录和糟糕的数学曾让她掉了几次眼泪，而且卡罗尔也不喜欢做这些。一两个月后，我们教她如何在Quicken 软件上记录她的交易，这让她核对起来容易多了。

支票簿最好的地方是，它可以让卡罗尔感觉自己像个大人。我们开始用电子转账支付她的零花钱和其他资助（就像大人们领取工资那样），并且尝试不再使用现金。当学校注册课程或举办书展时，她拿出她的支票簿来支付费用，她真的很喜欢老师们脸上的表情。活动结束后，每个老师都知道了我女儿。当她需要为骑马课或跆拳道课付费时，她可以自己给教练开支票。

能力越大责任越大，哪怕只是一个 9 岁的孩子。

有一次，我们上完骑马课后开车回家，突然意识到她忘记给教练付钱了。女儿觉得没什么大不了的，她可以下周用支票把费用补上。虽然教练很有礼貌，什么也没说，但我们做父母的却知道这种没拿到工资的感受。

这是一个教育孩子的机会，尽管时机不是很好——开车回到马场需要 30 分钟，但我们还是调头回去了。路上，我们问女儿如果我们忘记给她每周的零花钱，她会怎么想。（我们下周补回去就行，对吗？）我们谈论到教练要用工资支付她的租金、电费，甚至是买狗粮。对一个孩子来说，这是一个重大的顿悟：她的支票簿可以让经济保持运转。她意识到，虽然她的运动课程费是从我们这里免费拿到的，但这笔费用对教练的生活来说，却可以产生很大的影响。

当我们到了马场，我们在车里等她写支票，然后她跑过去把支票交给了教练。此后她从未忘记任何一笔付款。

当她用完了支票准备订购新支票簿的时候，她学到了一堂关于市场营销的宝贵人生课。支票公司的网站推荐她购买有各种酷酷的版式和图案的支票，她设计了世界上最漂亮的个性化支票……只是后来她意识到她需要为之付出好几个月的零花钱（否则她就要找一份工作了）。她极不情愿地把这笔钱省下来用以支付其他预算开支，只当这种基础款（虽然缺乏新意）的支票设计已经足够好了吧。

我必须承认，我们并不确定她的这个选择会带来什么样的效果。她真的很享受向老师和其他孩子炫耀她的支票簿，而那些花哨的支票会在人群中成为极大的加分项。

当然，自从卡罗尔在 21 世纪初开始上学时，纸质支票已经几乎没什么人用了。讽刺的是，当她知道如何核对支票簿的几年后，我们做父母的却不再核对我们自己的支票簿了。如果我们在下一个千禧年养育孩子，那我们就应该跳过支票簿的阶段，而直接使用借记卡。在下一章中，我们将介绍更多关于操作家庭借记卡的方法。

如果我们现在抚养我们的女儿，那么她也会使用智能手机跟踪她的财务状况，但这也是另一回事了。

卡罗尔
自由和隐私——通往成熟的路径

爸爸说过的“永远不要忘记任何一笔付款”影响我至今。我再也没有忘记信用卡或其他服务的任何一笔付款。这种低成本的教育方法让我学到了终生受用的一课！

虽然父母确认我从来没有因为娱乐活动向他们要过钱（十几岁的时候甚至都没有要过 20 美元去看电影），我仍然觉得在金钱上有点被他们束缚住了，因为没有他们的帮助，我连现金也拿不到。感谢过去这些年的“教育机会”，让我可以看我父母在银行用支票兑换现金或在 ATM 机上取现金。但我直到有了自己的支票簿以后，才可以自己操作这一切。

当我有了自己的银行账户后，无论任何时候，我都可以用我自己账户里的钱来填满我自己的钱包。我唯一需要做的就是确保账户余额大于0。

现在的我，只要有足够的现金就可以在任何时候去看电影；现在的我，只要有足够的现金就可以在学校里买冰激凌或苏打水。但我仍然需要用支票在学校书展上买一些书籍和学校用品。

这样的话，当我在生日或圣诞节收到支票时，我就不必再去劳烦父母了。如果是过去，我会心满意足地盯着支票金额，然后立即将支票交给爸爸，让他帮我存起来（通常是和爸爸带着支票去ATM机并存在他的账户里）。但现在，那张支票可以存进我自己的账户了，而且我可以立即决定用这张支票里的钱做什么。我可以将支票存入我的银行账户（直接在ATM机或用家里的电脑操作），或者存入我的儿童401K储蓄账户（简单地存入爸爸的账户，也可以直接在ATM机或家里的电脑上操作），或者我可以把支票兑现用来买过去6个月一直惦记的任天堂掌上游戏机。

这才是真正自由的感觉！

如何才能阻止孩子不要透支呢？对我来说，这个简单的逻辑就是：如果透支了，那么就需要支付25美元的透支费。虽然我不知道透支了会怎样，但我知道父母会发现的，因为他们看起来可以发现任何事情，所以，如果我透支，一定会有大麻烦。当我接受透支的惩罚（不能看电影或是做其他任何事情）之后，仍然欠银行25美元，这比我一个月的零花钱还多。这些后果足够让我乖乖听话。

现在我可以自己决定什么时候去取钱、存钱，或者决定是否做储蓄。而且这些决定不必告知父母，但我知道的是，如果我需要他们指导的时候，他们一定在。

父母会监督我，但同时也会尊重我的隐私。他们从来不会“窥视”我的账户或告诉我资金状况如何。他们不会背着我查看我的账户流水，也不会评论我的理财做得是好是坏。这意味着我可以在不造成严重后果的情况下大胆试手。

有个例子让我知道要使用本银行 ATM 机提款的重要性。作为一个只有基础支票账户的孩子，有一次我为了提取 20 美元而额外支付了 3 美元的手续费，仅仅因为我在一个离家近的其他银行的 ATM 机进行了提款。当我在账单上看到了这笔手续费，我问爸爸为什么。爸爸给我就事论事地做了讲解，并没有对我进行说教，他说我不应该在 ATM 的手续费上浪费钱。爸爸为我解释了原因却没有责备我，同时尊重我自己做的选择，但我决定以后再也不会为同样的原因支付 ATM 手续费了。我同时找到了避免再次支付手续费的方法：我的父母每周日在去杂货店的路上都会去我的支票所在银行的 ATM 机那里，所以我就在周日去 ATM 机提款来安排我的现金流。没过多久，我就从“计划我的现金流”演变成了“为零花钱做预算”。

虽然现在不怎么需要做支票簿核对这件事了，但它对我其中一科的学习成绩有积极的作用。在七年级的时候，纯粹出于自私的原因，我报名参加了家政课，因为家政课的学生可以吃掉他们在课堂上烘焙的所有饼干。

是的，我确实是为了免费食物而上课的。有些事情是共通的。

但课堂上另外一个版块是教我们管理家庭预算，需要我们用一个类似于我支票簿上的记录页来完成平衡核算。到了交作业的那天，老师发现一个同学做错了，因为余额出现了一个 2 分钱的差异，而理应不能有分毫差异，老师和学生都不能找到问题所在。那位老师记得我是那个在学期初用支票交注册费的孩子，她把我叫过去帮忙找到问题所在。5 分钟后，我找出了错误，老师奖励了我一个 10% 的成绩加分。这是一个我、同学和老师之间三方共赢的局面，让我永生难忘！

道格
教一个不到十岁的孩子投资

就像 20 世纪 90 年代正经历互联网牛市的所有人那样，我发现我终于有了线上挑选股票的渠道，不用再去图书馆查阅那些关于价值曲线的纸质书籍了，我还可以通过我 28.8kbps 速度的调制解调器上网冲浪。我在过去几年已经了解了很多关于巴菲特的故事，现在我也想要成为一名成功的投资人。

我和太太都有稳定的军队收入，因此我们激进地投资了一个至少含有 90% 权益类的投资组合（剩下的投资在大额可转让存单和货币市场）。我将股票投资限制在投资组合的

10% 左右，剩余的投资在共有基金或开放式指数基金。我根据市场基准情况来追踪我的投资表现。

我想显摆一下，我的意思是与卡罗尔分享这些知识，所以我开始向她展示我们如何投资股市。她起初是怀疑的，并不确定是否要用自己的钱来冒险。我在 Quicken 软件里单独列了一个清单用来展示如果投资 100 美元可以在股市里做什么。过了一段时间，她决定用一部分积蓄投资一家我们都很熟悉的企业——迪士尼。

事实证明，我不是一位出色的投资者。我必须非常努力地工作才能达到市场基准收益线，到了 2007 年，我决定转回到低收费的被动管理指数基金。我付出了大约 1% 的努力，获得了 99.9% 的股市回报。

卡罗尔呢？嗯，她仍然是一位优秀的投资者。她经历了一些投资上的盈利以及少数亏损。最重要的是，她知道了她的投资风险容忍度。她学到了足够的知识用来理解投资基本原理，但她对投资股市并不感兴趣。她似乎对选股没有兴趣，而是坚持投资指数基金。

卡罗尔从此进入了人生新篇章：成为一名青少年。

卡罗尔
投资试水

在我 10 ~ 11 岁的时候，父母认为我已经可以应付现金和支票簿了。但他们会一直认同我把钱花在哪些方面吗？99% 的情况下，答案都是大写的“不”。与此同时，他们能感觉到我已经具备了可以尝试其他长期投资种类的能力，比如我用攒了 6 个月的钱去买一个任天堂新款游戏机。股市看起来是一个开始尝试的好地方。

当父母开始研究如何把股市投资变成一个教育机会的时候，他们用的是富达投资公司（Fidelity Investments）的线上研究工具。尽管这几年网站一直在更新，我仍记得爸爸偶尔会喊我去电脑前看他的股票投资账户，并给我看他通过投资赚了多少钱。他提到的一些公司对我来说没有任何意义，但一些其他公司吸引了我的注意，比如迪士尼、福特汽车（我家里的汽车就是福特的）和耐克运动服装。

爸爸说：“想象一下，如果你可以拥有这些公司的一丁点股份。当这些公司赚钱的时候，也有你的份。我打赌你可以猜到当很多和我们一样的家庭去迪士尼游玩或观看迪士尼电影的时候，迪士尼可以赚几百万美元。想象一下，如果迪士尼每卖出一件东西你都可以分一杯羹，那会是怎样的感觉？这就是股市让和你一样的这些人（投资者）做到的方法。这里有一个较大的风险：没有人知道这些家庭具体哪个时间会购买迪士尼商品，也许他们会从环球影城或梦工厂买。所以迪士尼也有亏钱的可能，你也有可能因此而亏钱。”

我那个时候仍然不太想把我那点钱投资到股市中去，所以爸爸给我做了一个实验：他用自己的钱（100 美元）买了迪士尼的股票，让我每周去看股市表现，好让我亲眼看到会发生什么。实际上每次只能看到股票价值波动几美元或几美分，但爸爸会拿出他上大学时用的那台 20 世纪 80 年代的计算器，给我算如果投资 1000 美元、10 000 美元或者 100 000 美元购买迪士尼股票将会赚多少钱。对于一个 10 岁的孩子来说，那比我好几年攒的零花钱都要多，这会让我认为投资股市没准是一个好主意。

道格
鼓励孩子阅读关于财富的书籍

我们的绝妙想法往往被证明一点也不巧妙。

我本以为卡罗尔会喜欢我认为有用的那些书，毕竟那是我从十几本书里挑选出来的，而且是我认为可以帮她向成年人迈进的书。

卡罗尔
阅读关于财富的书籍

爸爸是一位读书爱好者，他是我认识的唯一不看电视而且一个月左右可以看一打儿书的成年人。甚至现在，爸爸看完书都会说："嘿，卡罗尔，我刚刚看完一本名为《×××》的书。"简单概括后，他就会像往常一样建议我也读一读。就像任何一个美国孩子那样，他推荐十本书，我大概只会阅读其中的一本。

同样的事情也发生在关于财富的书籍上。虽然当我长大到可以阅读长篇大段的书的时候，爸爸会给我一些关于财富的书籍，但我只读过其中几本。我只是一个对电视和电子游戏更感兴趣的孩子。后来，在我十几岁的时候，我忙于学业和课外工作，就更没有时间读这些关于财富的书籍了。当我上大学和参军后，睡觉比阅读这些关于财富的书籍更重要。

也许您也想尝试让孩子们阅读一些关于财富的书籍而不是与他们来场关于财富的对话，那我可以用我的实际经历告诉您，孩子们是不会读那些有难度的书的。事实是，您的孩子更想听您讲这些而不是从财富书上读到。如果您不知道孩子一开始是否会听话，那就让他们少读点财富书吧！

一个不错的折中办法是读一些文章和网络博客。当我小的时候，可以从 CNBC[①]（美国消费者新闻与商业频道）的财富专栏摘抄一些文章。当我逐渐长大并且开始流行博客的时候 [你好，钱胡子先生（Mr. Money Mustache）]，爸爸就开始转给我一些博客上的文章。直到今天，爸爸每周会给我发“爸爸的周末链接”的电子邮件让我看他读的一些关于财富的好文章。我发现阅读这些文章比阅读一本 200 页的书要容易得多。您也可以考虑为孩子做同样的事情。

---

① CNBC 是美国 NBC 环球集团持有的全球性财经有线电视卫星新闻台。——译者注

道格
阅读与青少年

也许你可以想象得到，卡罗尔最后几段的想法有点令我惊讶（谢谢，亲爱的！）。当我给她那些书时，只是想让她知道我很愿意回答问题，而不是唠叨她一定要读这些书。

在得知卡罗尔的阅读优先级以后，我做了一个关于其他青少年和年轻人的非正式的调研。让我大为震惊的是:现在的年轻人根本不必像我们这代婴儿潮出生的人一样喜欢阅读书籍，因为他们接收信息的效率更高了。博客、播客和小视频让他们在交通高峰期和锻炼时有了更多的选择。

现如今，如果我想为青少年重现这些教育机会，就要专注于播客和博客（他们早就发现了录像视频）。现在我仍然坚持每周发送“爸爸的周末链接”电子邮件，但是我会限制这些链接的数量。

但我知道，过去的这些年，卡罗尔有在认真听我们讨论，而且学到了很多。

总结
找到孩子的动力

既然他们已经长大到可以管理自己的金钱并且可以自己购物了，那就给孩子们更多可以去锻炼和成长的机会。找到那些可以鼓励孩子的动力，并给予奖励。

帮助孩子们了解更多关于储蓄和投资的知识。当他们准备好了，告诉他们如何开立支票账户，也许还可以拿到一张借记卡。把儿童 401K 储蓄计划当成是一种长期目标的延迟满足；弄清楚他们是否真的对投资股市感兴趣，或者他们是否更倾向于被动管理型指数基金。如果他们很难通过对话掌握这些内容，那么可以尝试用投资一小笔钱（比如 100 美元）做个实验，并让他们观察这笔钱的动向。

本章要点

- 把孩子们用杂货店的优惠券、打包午饭和骑车上学等节省下来的钱留下一部分。
- 教孩子们存钱并做长期储蓄，比如为了他们买第一辆汽车。
- 当孩子们准备好的时候，帮助他们开立支票账户。
- 给孩子们展示如何在股市投资并帮他们找到自己的风险容忍度。

第六章

13～19岁青少年：态度与年龄无关

“青少年时期是十分重要、艰难和尴尬的。”

——艾米·缇加登（Aimee Teegarden）
屡获殊荣的青少年女演员

本章金融术语与概念

- 在较长时间内管理大量资金。
- 从“我可以负担得起吗？”到“我如何才能负担得起？”。
- 第一张储蓄卡和信用卡。
- 第一份“真正”课外工作的薪资和税。
- 在青少年时期开立“个人退休金计划”。

道格

养育青少年的大局观

在青少年犯最大的理财错误时，应该让他们与信任的并且可以教导他们的家人在一起。在家犯错比在学校或在信用记录格外重要的成人世界里犯错要好得多。我和卡罗尔收到过很多从来没有学过理财技巧的年轻人的来信，更糟糕的是，他们中有很多人身负数万美元的消费贷和学生贷款。

青少年总是把他们最不好的一面和最伤人的话语展现给最亲近的人，这是他们体现个性的方式，并且表示他们做好了要离开家庭的庇护而振翅高飞的准备。父母们在家里仍然具有权威，不必因为孩子们的独立宣言而感觉到被冒犯（我也曾努力调节自己）。我们还可以利用这些“教育机会”帮助他们开启自己的人生。青少年也已经足够成熟到可以打理他们的大额资金，零花钱可以按月而不用按周发放了。

教育青少年的另一个挑战是如何培养他们的判断力和做决策的技巧。每一个孩子的学习进度都不同，相同的是他们都需要大量的练习。有一些孩子也许15岁之前就会了，比如卡罗尔，另一些孩子也许到20岁才学会，比如我。

当女儿正处于青春期时，我们不断地让自己相信上面那段话。这一段经历并不都是美好的,但好在我们熬过去了。现在，我们的女儿不断地用她的创造力、坚持、适应性和成就让我们惊叹。当然，我们说这些不仅仅因为她是这本书的联合作者!

当我们的女儿进入青春期，她已经是一位有经验的消费者了。她有自己喜欢的食物、衣服和化妆品，并且喜欢尝试任何美国广告售卖的东西；她也非常喜欢运动，拥有非凡精力的同时也非常能花钱。

我们可以明显地看到家庭开支的增长，也尝试过把她的这个人生阶段当成一个培养更重要的财商技巧的机会。

父母常用的老套路是我们买不起，但我们会说:“我们没有这笔预算。如果非要买，你觉得我们可以把哪些其他的东西放弃掉?”

不久后我们通过探讨“如何才能把它买下来?”和“如果买下来会怎么样?”改变了整个辩论的方向。我们尽量避免以财富稀缺性的态度对钱进行分配。相反，我们转而去讨论如何更节约地花钱（避免浪费）或者如何赚更多的钱。我们的态度转向了充足度:我们可以买得起任何东西，但不是所有东西。讨论的焦点从对抗转变成了数字探讨。我们的女儿不是与父母的权威争论，而是在练习新的谈判技巧和解决问题的能力。如果争论没有达成最终协议，通常父母都会下最后通牒："你花自己的钱买吧。"当购买的资金来源必须从她的零花钱（或者通过自己的努力）中出，那我们就会发现她的消费是否符合她的价值观。

现在有很多桌游和网络游戏来帮助孩子学习赚钱、存钱和花钱，一些学校也用财商工具帮助孩子弄明白他们的财商性格并且教他们基础技能，其中一个在学校快速盛行的游戏叫作现金流危机（Cash Flow Crunch）。我们是在金融会议上知道的这个游戏，我与游戏发明者保罗（Paul）和雪琳·瓦西（Sherene Vasey）是朋友。他们俩在美国做得非常棒，可以帮助我们找到教育孩子的机会。

卡罗尔
向苏茜·欧曼的"我买得起吗？"这个游戏学习

如果一个青春期的孩子不听自己父母的话，那他们会听谁的话呢？对我来说，这个人就是理财专家苏茜·欧曼。在我十几岁的时候，苏茜·欧曼在 CNBC 的节目非常火爆，妈妈也经常看。当妈妈认真地听苏茜·欧曼授课的时候，我只对"我买得起吗？"那个游戏部分感兴趣。

在“我买得起吗？”这个游戏环节里，观众会打电话给电视台说出他们想要的东西以及原因，一只设计师钱包、一个iPad、一栋房子、一件珠宝或者一个新娘婚前的价值400美元的美白牙齿套餐，诸如此类。与此同时，苏茜·欧曼会和观众探讨为什么他们想要这个东西或者这样的服务，苏茜·欧曼通常会就这个愿望是否拥有背后的理性支撑以及是否有其他的方法可以更便宜地买到来发表观点。对于新娘婚前的美白牙齿套餐，苏茜说：“我的牙齿本身就是白色的，上面有白色的牙冠条，而这些也是你想要支付的400美元的一小部分。”苏茜接着会说：“给我看看你有多少钱。”要求参与者披露他们的财务状况，包括：

- 年龄
- 收入（如果可以的话，包括配偶收入）
- 支出（包括贷款）
- 负债
- 存款（包括现金、投资、大学基金和退休金）

她也会问观众打算如何为想要的东西付款。当参与者口头说出所要的东西时，金额就会显示在苏茜旁边的大屏幕上。当观众看到计价器上的金额并且听到参与者的背景时，他们也可以看到苏茜的表情。她最终会给这位参与者两个判决——“批准”或“拒绝”。我十几岁的时候发现这很有趣，因为苏茜说“拒绝”的时候特别大声。

“我买得起吗？”是一个迅速评估参与者财务状况与购买

欲望的现场直播游戏环节，并且观众可以猜测苏茜会给出什么判决以及为什么会这样判决。哪怕苏茜给出了“批准”的判决，她也会指出这笔花销根本没有必要的原因。对我来说，这是一个让我了解现实世界的多种购买欲望的有趣途径，其中一些也是我想要的(比如 Apple 电子产品)。有一个专家(不是我的父母)用我可以观察到的方式给参与者(不是我)提出建议是非常好的。

“我买得起吗？”这个游戏环节也帮助我改善了与父母的财务沟通。参与者通常都会与苏茜“沟通”，解释“为什么”他们想要这个东西。这个解释将引发一场直播讨论，参与者试图说服苏茜让她“批准”。通过观察其他人与苏茜·欧曼的沟通，我知道了为什么有些论证是有用的，而有些则不管用。这让我在与父母进行财务沟通的时候更加睿智且更有效率。我认为我的父母是欣赏苏茜的教育方法的。

现如今，苏茜·欧曼的“我买得起吗”游戏在 YouTube 上也可以看到，因此孩子可以跳过其他内容而直接观看这个游戏。今天的参与者会被批准吗？或者被拒绝？为什么呢？

道格

青少年的分润挑战

十几岁的时候，学校用品预算开始了一场新的消费挑战。

在小学和初中时期，大部分用品是消耗品。因此我们永远在买更多的纸巾和笔，而且这些在年底前都会被用光。我们随时关注打折信息并且在必要的时候会提前买来存着。

高中时期，购买清单被加进了一些东西，比如为了高数课而准备的金融计算器。这些酷酷的数学学习工具价格是75 ~ 100美元，而且由于一些原因，下一年的高数课就用不到了。TI–84型号在9年级的时候用起来非常好，但是到了10年级，就因为缺少了一项TI–89型号才有的重要新功能而被淘汰了。老师隐晦地说，如果想要考入好的大学，就只能用好的学习工具。[①]

这些机器有砖头那么大，在移动的过程中容易被弄坏。在放学时，他们会被塞进书包里放在沉重的书本下面，然后在回家的路上被晃来晃去。尽管这些计算器很贵，但偶尔的疏忽和滥用可能会让它们在年底前报废（是计算器，不是他们的主人）。这些孩子为什么要爱护它呢？他们原本也知道在第二年就会买个新的。

结论是：计算器也可以分享利润。

事实证明，今年用的金融计算器可以卖给低一级的学生，甚至可以在网上售卖。如果这台计算器保留着看起来还很新的使用说明、外包装和其他附件，那么它可以按照几近原价的价格出售。如果我们的女儿好好保护她的计算器，并在年底把它卖掉，那么她就可以保留一半的收入。

---

① 卡罗尔说她在大学里没用到过高中的这些计算器。他们那个时候，更重要的是学生们拥有正确的电脑操作技能。学生也可以使用网站 Wolfram Alpha 去检查他们在微积分和其他高数课上的演算。

我们的利润分享激励法终于使孩子与我们的经济动机保持了一致。

虽然这只是一个让卡罗尔好好保管她的计算器并尽量减少浪费的激励，但当她上大学的时候，却因此取得了巨大收益。

卡罗尔
第一次独立的 Craigslist 网站奇遇记

还记得爸爸说的“孩子应该在家庭和亲人的保护下犯最严重的财务错误”，有时候哪怕在父母的监督下，一些情况也会变得危险或演变成巨大的失误。其中一个类似的情况就发生在我第一次用 Craigslist 网站销售计算器的时候。

我们做梦也没想到我们的孩子会在街边见一个陌生人，并用一些东西卖钱。毕竟，我们中的许多人可能接受过戒毒教育（D.A.R.E.）课程，对吧？但街边碰头确实是很多 Craigslist 网上交易的常用方法。父母如何确保孩子懂得什么是交易，并判断是否值得交易？答案是，父母应该去监督而不是操控孩子的交易。

我有一个在我自己的高中里卖不掉的计算器，因此我决定在 Craigslist 网站上卖掉。妈妈是 Craigslist 网站的深度使用者，阅读过上千个 Craigslist 网络广告，因此我向她求助该如何发广告卖掉我的计算器。她帮我看了许多感兴趣的买家发来的邮件，最后我们决定先去见那个第一个回应的人——一个需要在课堂上使用计算器的学生。因此，我回复他第二天下午 4 点在一个附近的麦当劳见面。在我按发送键之前，还让妈妈帮我检查了一遍。20 分钟后，我收到这个感兴趣的买家的回信，确认了这次见面。在整个交易过程中，妈妈几乎没有监督我。

还记得我小时候第一次买冰激凌甜筒的时候吗？妈妈会坐在附近的桌子旁看着我。第二天我去麦当劳卖计算器的时候也是一样。这一次，当我走向这位感兴趣的买家时，是爸爸坐在附近的可以听到我们说话的桌子旁。买家试用了计算器后当场就决定买了下来。我在她面前清点了现金，在她走之前，像父母教我的那样和她握手并表达了感谢。当然最好的是，爸爸目睹了整个过程。

如果爸爸感觉到有什么不对劲，他要么介入帮助，要么找个借口帮我从困境中脱身，以便在交易变得危险之前把我解救出来。如果买家要偷我的计算器，或者少给我钱，爸爸会在那里保护我。有爸爸“罩着我”（哪怕在听力可及的范围内）让我有一种可以自己搞定的自信。我相信爸爸同样确信的是，如果他的女儿发生了什么事情，他一定会出手帮助她。

你可能以为你的孩子只会卖几次贵的计算器，但实际上这是卖其他贵重物品时同样需要的技能。孩子们关心的是计算器和其他电子设备，现在的大人们关心的则是车和房子等类似的东西。这些经验不仅在青少年时期有用，在长大成人后仍然受用。

道格
关于零花钱的探讨

我们增加了一种零花钱：用来购买衣服和化妆品，同时好处是，这样可以预防很多争吵。

我们大致算了下她的衣服、香皂、洗发水和其他瓶瓶罐罐要花多少钱，每个季度给她一个总数，然后延长到以半年为单位，在每年一月和七月分别给一次。

从那时起她就开始负责购买自己的衣服和化妆品了。我们开玩笑说她要么可以把自己打扮得美美的，要么让自己闻起来香香的，但不能两全。她要花钱买什么是她自己的选择。最好的结果是，这笔特殊的零花钱似乎可以避免关于时尚潮流的争论，因为她可以自己决定买哪种洗发水和配饰以及选择哪种穿搭风格，超出了零用钱的部分则需要她自己多做些工作来解决。

每六个月给一次零花钱（年初或夏初）是非常有挑战的。她可以在返校采购时购买昂贵的物品，但这个零花钱要一直坚持用到假期。哪怕她正在采购或者为下周做打算，她也要考虑接下来的六个月该怎么过。

回顾过去，我们应该多带她去逛昂贵的时尚零售店。虽然我们不会买里面的任何东西，但可以让我们对比这里与二手店和旧货市场的价格（市场策略）。这可以让她更好地理解价格与价值，并帮助她做深思熟虑的选择。更重要的是，这可以帮助她抵抗来自学校“朋友们”和其他年轻人的同伴压力。

卡罗尔
名牌与同伴压力

多亏了父母的财商教育让我知道了“与邻居攀比”这句话。理论上讲，我明白跟别人攀比是多么愚蠢的行为，这是浪费钱的好方法而且会让人不开心。

但在现实中，小学和中学时有很多次我想要与别人攀比——我的意思是，“被同伴压力所绑架”。一些在同伴压力下购买的东西确实没有让我快乐，比如餐垫（下次再讲这个漫长故事）或者一沓游戏王 Yu-Gi-Oh，这是那个春假所有人都在玩的卡片和视频游戏。我至今仍记得那种花掉我辛苦攒下来的钱的悔恨感。我的理财技能与抵抗同伴压力的能力是相关的，都随着我的长大积累了更多的消费经验。

从金钱方面看，管理我自己六个月的服装和化妆品零花钱是抵御同伴压力的终极考验。在我十几岁的时候，流行的品牌服装是 Hollister、Abercrombie & Fitch、American Eagle、Pac Sun、Billabong、Dakine 和其他许多滑板和冲浪品牌。40 美元一件的 T 恤，150 美元的裤子、衬衫或裙子，所有这些都超出了我的预算。买只穿一天的名牌服装，至少要花掉三个月的零花钱，而且这些还不包括香皂、洗发水或内衣等。

然后是服装的配饰。除了衣服，我们学校的青少年还穿收藏版运动鞋（100 美元以上）、时尚“帽子”（50 美元以上的棒球帽）和设计师品牌的书包或钱包（谁知道这些东西要花几百美元)。那时,还有新奇的电子设备包括 BAZR 手机(至少几百美元)和 iPod(几百美元)。所有这些配饰都相当于我好几个月的预算。

于是我坚持简约的穿衣风格。我在旧货店买的短裤和 T 恤衫可以减少我在夏威夷热带气候的户外和没有空调的学校出汗。我穿着上下学户外走路时可以耐脏的运动鞋。袜子和内衣则采购于沃尔玛超市。我们家最喜欢的酸奶品牌曾经有过一次奇怪的奖赏计划:按要求的数量邮寄单人份包装的酸奶盖,我得到了一个免费的红色背包,正好可以用来装学校的书本。帽子和电子设备不允许被带进教室(但可以放进背包里),正好这两个我在学校里都没有。

高中的时候,当同伴们无聊了,便会拿我的穿着打扮开玩笑,但我从来没有因此被欺负过。他们可能会在我背后点评我的穿衣风格,但这并不妨碍我交朋友、取得好成绩或者保持忙碌和积极的社交生活。一些朋友想帮我“打扮”一下,但总被我礼貌地拒绝了。我早就知道,每个青少年都沉浸在他们自己的问题里,所以我穿什么并不重要。我们所有人都期望同一件事情:顺利毕业并离开高中!

道格
第一张信用卡

我们的女儿用一项关键的生活技能开启了这重要的十年:

她的第一张信用卡。

当时最好的选择是将她作为授权用户添加到父母的信用卡上。但我们最终还是申请了一张新卡，因为那时没有一家银行愿意让一个13岁的孩子成为授权用户。我们从相对较低的信用额度（几百美元）开始，以防出现盗窃或欺诈。虽然我们非常确信女儿会谨慎地使用信用卡，但也希望避免带来损失1000美元灾难的可能。

你肯定期待看到更多戏剧性和灾难性的内容。但当我们回首那几年，我们只记得一起信用卡事件！据我们所知，大部分时间，信用卡都放在她的钱包里，除了偶尔用来在商店结账，几乎没怎么用过。只有一次我们协助她与客户服务代表讨论账单问题的经历。

那时我们还没有使用借记卡，但今天有很多家庭理财工具都是基于借记卡之上的。其中我们最喜欢的是FamZoo系统（我认识这家公司的创始人比尔·德怀特），父母可以预设孩子的借记卡额度并且管理他们的支出限额。FamZoo是一个通过收取月费来管理零花钱、孩子的存款单、工作报酬甚至消费限额的家庭银行系统。我们通过信用社的网站账户复制了很多现金和交易的功能，但是FamZoo有一个父母控制台和更多功能。这是金融科技工具如何让父母生活更轻松的一个例子，而不仅仅是让孩子。

更重要的是，一个家庭借记卡系统可以更简单地降低商业欺诈与盗窃的风险。如果在2001年左右就有FamZoo，我们一定会非常乐意每月付费购买这个工具。

这些卡片给卡罗尔的理财生活增加了时间管理的难题。每一个十几岁的青少年都很难做到自我约束。虽然她已经可以很好地处理作业、学习和“每天20分钟”的理财习惯，但是卡片管理让卡罗尔的工作变得更繁杂了。

我们曾经把“财富日”笑称为:传说中处理财务琐事的完美日子。理想的情况是，她保留着信用社和银行的账单明细，并且保留着所有相应收据。她的Quicken软件也已经记录了她所有的录入交易。她可以核对她的支票与支票簿。(一次完成!)然后，她可以核对所有的费用收据并在银行网站上安排信用卡的消费。她更新了所有的消费类别并且确保她可以掌控每一笔支出——在晚饭前完成以上所有操作。

当然，现实是骨感的。她的财富日的第一个小时，通常用来翻找并整理这一堆堆的收据。在这之前她已经有四年的管理支票并记录的经验，她知道她可以发现任何错误。她最终会在自动还款日前把所有收据做好分类。作为父母，除非她问我们问题或者请求我们的帮助，否则我们不会插手。经过几个月的摸索，她找到了适合她的方式并且她的生活也回到了正轨。最棒的是，她创造了属于她的特有模式。

回顾过去，我非常庆幸她不是直到大学一年级才拥有第一张信用卡(或借记卡)。她在家里受到了支票和信用卡的教训，而且学会了如何在不给大学生活增加负担的情况下处理任何事情。

卡罗尔
把“财富日”变成每周例行公事

就像父亲在上一段提到的，我适应了一段时间才把“财富日”变成了一个每天 20 分钟的理财习惯。对我来说，这个模式在以下两个方面奏效：日常携带一个装收据的信封，以及为适应每周日杂货店采购前去银行 ATM 机取款的惯例做一个每周“现金规划”。在一天结束的时候，当我回到家换下鞋子，把东西放在我的房间，我会多花一点时间把钱包里的零钱放进存钱罐，然后把收据装进信封里。每周日早晨，在我们去 ATM 机之前，我会拿着我的收据信封，登录我的信用卡和银行账户，确保支出与我的收据和电子支票簿一一对应。在去 ATM 机与杂货店之前把所有记录核对清楚，我就可以知道我是否需要从 ATM 机取钱，而且知道我是否有足够的预算购买化妆品和其他我想买的东西。“财富日”从每月一次变成了每周一次，时间也从每次 1 ~ 2 小时缩短到了每次 10 分钟。

尽管如此，我仍然搞砸过：那是 2009 年的救助事件，是唯一一次需要父母帮我偿还信用卡的事件，与此同时，美国政府也在对几家大型公司的财务困境实施救助。直至今日我仍然对我那次的“救助事件”感到难堪，我也确实接受了教训。

当新闻重复播放政府的救助计划时，我意识到我的信用卡超额支出了 150 美元。我甚至不记得花在了哪里或者如何漏掉这个交易信息的，但我可以负责任地说，即使有父母与我的所有利润分享和报销制度，这依旧是我唯一一次经历的超支消费。

当然，爸爸妈妈对我很失望。我是一个刚满 17 岁的高三学生，犯了一个最基本的理财错误，这还是我父母多年来教我如何避免的。我在这里请求父母的原谅，有一份放学后的工作和一份健康的零用钱能帮助我在即将到来的信用卡账单上“维持生计”。虽然我犯了一个非常愚蠢的错误，令我感到非常尴尬，但是我准备在事情变得更糟或需要更长的时间来解决之前坦白承认。我想尽快结束这一切。

妈妈、爸爸和我一致同意，我需要全额支付欠款，以确保我们的信用记录没有因为这个错误而受损。经过几分钟的谈判，我同意完成一份清单，上面列出的工作通常都是带薪的，以弥补我的“债务”。作为交换，爸爸会立即把我需要的钱转到我的账单上，我也会立即全额偿还信用卡账单。而我又要花一个星期的时间在院子里做额外的工作，修理房子周围的东西，才能重新“平复”。

父母本可以像信用卡公司一样，让我从卡罗尔银行贷款 150 美元，利率大概是 8% 吧。当我问我的父母为什么不这么做时，他们说当时并没有这样的想法。这是我信用卡透支的第一次，也是唯一一次，我发现信用卡透支的时候就自己报告了。如果我再次透支我的信用卡（这清楚地表明我没有吸取第一次的教训），那么妈妈和爸爸可能会让我向卡罗尔银行贷款。

我本可以等到下次放学后发工资的时候再还清债务，但有几件事阻止了我这么做：第一，那张支票已经被指定存入我的 Roth 个人退休金账户；第二，救助计划的部分条款是我必须尽快还清债务。这是父母展示大师戴夫·拉姆齐（Dave Ramsey）所说的“债务紧急情况”的方式，而不会牺牲我的退休储蓄。

父母对我的额外惩罚给予了一个 6 个月的“缓刑期”。我被豁免了一切传统惩罚（失去看电视特权、驾车特权、利润分享机制或其他财务特权），但如果我在接下来的 6 个月里再犯错误，我就要结束“缓刑期”而立即接受惩罚，合并因为两次犯错而导致的额外惩罚。

父母不是 6 个月缓刑期的发明者。这是美国军队里常用的策略。

我在“缓刑”期间没有再犯错误，因此当头上不再悬着“缓刑期”这把“刀”的时候,我终于松了口气。通过这件事，我不仅更加关注自己的消费习惯，而且坚持收集收据和做现金规划的习惯。我还开始在每个账户里预留一份 200 美元的“迷你应急基金”用来预防不得不寻求父母帮助的情形。直到今天，我仍然保留着在所有账户里预留 200 美元“迷你应急基金”的习惯，以预防下一次困境。

青少年会试探他们的底线（还有你们的）。这额外的 150 美元对于做父母的你来说并不算很多，但是对于孩子们来说却是一大笔钱。让孩子们现在就感受信用卡超支 150 美元的刺痛感比在他们成年后面对几千美元的错误要强烈得多。

道格
卡罗尔第一份真正的工作

卡罗尔送给自己的14岁生日礼物是一个重大的财务飞跃：州立工作许可证。

在过去的7年里，卡罗尔在我们家附近的Kumon（公文式教育）连锁机构学习数学，这些课程让她学到了很多并且帮助她学习如何应对考试焦虑。这也让她养成了一个非常棒的工作习惯：她必须每天完成Kumon布置的家庭作业，必须要每周三下午和周六上午去Kumon中心上课。

这家Kumon分店负责人雇用了6名十几岁的青少年帮他运营小一些的孩子的学习项目。卡罗尔从7岁起就开始观察这些青少年，她特别想像他们一样。这个分店负责人暗示了卡罗尔好多次，等她到了14岁就可以加入这个计划了。

第一份工作是非常重要的人生课堂，而且第一堂课就是作业比工作优先。第二堂课是她手里的钱比以前任何时候都要多，因此她应该制订一个预算，存钱的同时又可以节省开支。最后，她会非常震惊地看到她的工资需要缴纳多少税。

我们并不是主动讨论Kumon分店的工资，但它从最初的州立最低工资迅速提高到与卡罗尔技能匹配的程度。卡罗尔在那里兼职工作了3年以上，甚至到她上了大学，她还在假期时顺便工作几小时。

卡罗尔
早期的 W–2 收入[①]

拥有一份"真正的"W–2 收入是苦中带甜的。一方面，赚取 6.75 美元 / 小时意味着我课后工作的工资只比零花钱稍微多一点。另一方面，那个细微的差额（此后会多一些）因为我人生中第一次交税而被抹平了，而父母从来没有向我的零花钱、利润分享或其他家庭投资征税。看到那么一大笔钱交了税，是我学习财富管理过程中的一种新的悲伤。

即便在我涨了工资并且长大到可以每周工作 15 天后，我仍然不想承认自己挣了多少钱，因为我只当收入中只有 80% 多是我赚的。纳税后，我会把大部分工资存在个人退休金账户里，那时每年最高供款额是 5000 美元。因此，每年剩余 500 美元也足够我奢侈几次（比如买一个预付费手机），但距离让我成为富有的青少年还差得远。

总之，我的课后工作告诉我一定要上大学。当然了，我可以保住那份赚钱的工作，维持收支平衡。但是兼职工作的工资并不足够付房租、给我的车加满油（当我到了开车的年纪）、买很多吃的、买衣服和化妆品。实际上，我可以在个人退休金账户里做最大供款的原因是我不用支付房租、尽量不

① W–2 被称为"工资与税务说明书"或"年度工资总结表"，是雇主在每个报税年度结束后发给雇员和美国国家税务局（Internal Revenue Service，IRS）的报税文件。W–2 表格报告了员工的年薪和工资中扣缴的各类税款（联邦税、州税、地方税等），是非常重要的报税文件。

开车、限制衣服和化妆品的支出并且在家里吃饭。

基本上，课后打工让我知道了我作为一名兼职工作者是有多穷，也让我知道大学毕业拿到文凭并得到一份真正的工作后，我可能会有钱得多。

先别想着找工作了，先顺利从大学毕业再说吧！

道格
钱多，烦恼多

当卡罗尔存好了从 Kumon 赚来的第一张支票，她马上给自己买了一部即插即用的手机。

我和玛吉原本认为这太放纵了，但我们做父母的还是低估了这个选择的价值，犯了一个典型的理论错误。事实证明，购买那部手机是一个非常聪明的行为，卡罗尔的例子告诉我们，这种链接对学生来说是多么重要。

回到 2006 年，苹果手机面世的前一年，我们还只把手机当成一个工作工具。那时我们已经财富自由并且不用再上班了，所以我们不觉得需要花这个钱来给生活添麻烦。我们好不容易才让自己脱离苦海不用再去接老板的电话了。我们不是勒德分子[①]或守财奴（反正现在还不是），但我们仍然保留固定电话，没有理由去做改变！

① 勒德分子（Luddite），是指 19 世纪英国工业革命时期，因机器代替了人力而失业的技术工人。现在引申为持有反机械化以及反自动化观点的人。——译者注

许多大学生和青少年都使用手机，而不仅仅是有工作的大人们才用，但我们当时没有意识到女儿需要用手机的必要性。

我们拒绝给女儿买手机，然而家里的固定电话转眼间就要把我们逼疯了。卡罗尔的同学知道我们家的电话号码并且就像其他人一样认为那是她的手机号码，但他们发现这个号码不能收短信，于是只能打电话。有时候他们接到了语音信箱（或者更坏的是，父亲或母亲），他们就会马上挂断并且再打。我们收到了大量类似以下的语音留言："接电话啊，卡罗尔！"这种情况在白天和晚上的任何时候都会发生，直到我们关闭了电话铃声，每天只检查语音信箱。

更糟糕的是，我们剥夺了她使用这个学习工具和学校用品的权力——就像计算器和教科书一样。当然了，很多同学都是打电话闲聊的。然而他们也组建学习小组一起完成学校的作业，这些都需要通过手机来协调。学生们的老师见面会和作业群组的计划每时每刻都在变化，没有人会担心记错，因为他们都会互相发短信告知最新的情况……除了我女儿。她仍旧活在只有固定电话和电子邮箱的 20 世纪。如果她幸运的话，第二天学校里会有人告诉她这些错过的消息。

她放弃了说服我们而是直接自己买了个手机。对于 14 岁的她来说这是一笔很大的开支，而且那个时候每发一条短信都要付费。但好在她回到了学校和课外活动的圈子。

我们家的固定电话终于不再响了。

我们错过了一场教育技术革命。我们认为它是一个玩具或者是一个虚荣的配件，就像电子游戏机或 iPod 一样。然而事实却相反，这让她与企业高管一样消息灵通，并帮助她应对瞬息万变的工作日。当然也会有很多青少年戏剧性事件（还有糟糕的手机礼仪），但我们都学会了忍受。这回馈是值得的。

回顾过去，我们发现社交活动在孩子十四五岁的时候转移到了线上。10 岁或 12 岁的孩子想出去碰面，他们会去彼此的家里或者去户外（也许手机价格在 20 世纪 90 年代和 21 世纪初太贵了）。卡罗尔 14 岁的时候，社区高中把他们的招生范围扩展到了全市，一部手机可以帮助他们协调见面和小组作业。

几个月以后，玛吉为了志愿者会议买了一部手机。因为人们要拼车去听演讲，或安排其他场外聚会，随着计划的改变，他们会给每个人发短信……除了我太太。

突然间我们就再次理解了这种当你试图努力工作却被遗忘在圈外的感觉。

这是一个简短且普遍的因果循环的例子，是女儿教给我们如何设置妈妈的第一部手机。

现在我们建议在孩子 12 岁或 13 岁的时候为他们配备手机（我和玛吉迫不及待地想要看到他们两口子是如何应对这段过程的）。学校里会有如何使用手机的规则，当然了，我们也可以设置自己的规则。我们也应该与孩子们商量哪些活动适合放到线上，当然，现在也已经有很多视频以及不好的案例教给孩子们。

卡罗尔
控制闲聊，避免违法

有了自己的手机让我学会了控制自己的社交行为。这是一部拥有键盘和屏幕的基础款“砖头”手机。因此，我只用它给我想联系的人（朋友、班级作业的同伴、父母）发短信和打电话。如果我的朋友发给我一个没有用的而且需要付 25 美分才可以阅读的“链接文本”，我会表达我的不开心。我会在每晚 8 点和上学的时候关闭手机，并且告知朋友们。

现在的青少年暴露在网络暴力、陌生联系人或图片、勒索、（试图）违禁品销售中，甚至会收到涉及上述任何活动的群发短信。我不能负担得起给朋友们发短信和打电话叫他们进行小组学习和出去玩以外的电话费用，因此我拦截了所有不认识的号码，而且不会接听我不认识的电话。除非是为了见面，否则我的朋友们不会给我群发短信。我父母知道我的手机号码，但我的远亲不知道，我仍然用家里的固定电话给亲戚们打电话。

父母尊重我的手机使用规则，只在必要的时候才给我打电话。为了鼓励我和他们打电话，父母会报销我和他们打电话的费用，无论是我打给父母还是父母打给我。

如今有了多样的家庭手机计划和众多型号的智能手机，因此要想出更多创造性的方法鼓励孩子节约和进行手机分润。比如鼓励孩子们使用“基础款”的通用智能手机而不是昂贵的苹果和三星智能手机。比如鼓励孩子们少使用手机流量而多使用无线 Wi-Fi，或者多使用聊天工具而少发短信。比如下载可以提供礼品卡、优惠券和其他有奖调查问卷和产品试用的应用软件。因为孩子们通常比成年人更精通科技，可以让孩子们自己提供分润和其他激励的方案。他们也许能想出新奇的方法让全家一起省钱！

道格
设立 Roth 个人养老金账户

随着卡罗尔有了第一份工作和第一部手机，就到了她设立第一个 Roth 个人养老金账户的时候了。

这对我们父母来说是一件大事，当我们给她讲解好处的时候甚至有点紧张。在 20 世纪 80 年代，我们对自己的 Roth 个人养老金账户还不上心，但到了 2006 年，我们很开心地看到这些账户的增值。

我们找出了所有经典供款表格用来证明越早设立 Roth 个人养老金账户就可以有越多时间增值。我们解释了所有的税务利好并且给她展示如何投资股票基金。对于一个十几岁的孩子来说，这是大人才能做的事情。这比小学时拥有一个支票簿还要好。

Roth 个人养老金账户是讨论延迟满足的另一个机会。那个时候，我们已经退休 4 年多了，我们的女儿非常认可财富自由的好处。我们讨论了她是如何像我们一样为自己的财富自由而储蓄的，而 Roth 个人养老金账户正好给了她机会。

我们告诉她，她可以在任何时候提取这笔钱而没有罚金和税。当她帮我们制订房屋改造计划时，我们告诉她如何可以从 Roth 个人养老金账户里提取一点钱用来买她的第一个房子。我们强调了其他提款可能受到处罚，并解释说这些处罚的动机是为了确保她的财富自由而储蓄。

她也开始认可我们说的，一个较高的储蓄收益可以加速财富自由，而且她可以过有趣的人生而不会感到被剥夺了某些权利。一旦她弄懂了这个账户的基本原理，我们就开始讨论如何做资产配置。

我们试图将这个问题简单化。她可以决定存多少钱、投资在哪里，以及费率是多少。至于其他的都不是投资者可以掌控得了的。

我们解释说，股票市场的波动会使股票面临抛售，但她只有在决定出售股票时才会赔钱。熊市和衰退期会出现更大规模的抛售。我们常常借用巴菲特的话："当汉堡价格下跌时，巴菲特家族则会欢呼！"自从 10 年前卡罗尔开始投资 Roth 个人养老金账户，她大胆地配置低费率被动股票指数基金。她的 Roth 个人养老金账户价值是波动的，但是她仍然在每次发工资时都规律地买入一些股票。

她的挑战是逐渐适应这个资产分配的方式而不必去担忧市场的波动。她可以不看新闻媒体 24 × 7 全天候的新闻循环，而只需要关注长期市场；她可以阅读网页新闻和书籍以及看视频，而不被经济和政治形势所困扰。每个投资者都不同，结果证明她是钟形曲线的“指数基金投资者”，而不是“大摇摆日交易者”。

这些青少年财务里程碑也让她开始了第一次所得税申报。税务软件可以帮她很容易地处理税务申报，她的预扣税返还后立即给她带来了满足感。

第一份工作（和她的养老金储蓄账户）引起了很多关于良好财务习惯的讨论。几年后，当她上了大学，她给同学们展示了如何开立养老金储蓄账户。

卡罗尔
从儿童401K储蓄账户到Roth个人养老金账户

我发现Roth个人养老金账户比儿童401K储蓄账户更加刺激，因为Roth个人养老金账户是真实的。我不仅可以看到钱被存在我的个人养老金账户里，还可以收到税务表格、月结单和其他官方文件，这证明我成了真正的投资者。这并不是父母为了弥补未成年人合法储蓄方式的不足而创造或编造的东西。

我很快就知道了我更喜欢把我的Roth个人养老金账户设置成自动供款模式。我不喜欢每次开了工资都要登录账户去手动存款，而很享受看到钱从我的支票账户自动转移到Roth个人养老金账户里。我不喜欢去研究和评估几百种股票选择，我喜欢挑选一个共有基金并且让派息自动再次投入到基金里。

最后一个重大发现是我并不想要从我的 Roth 个人养老金账户里取钱。也许这是一个从我“触摸不到的”和“经常遗忘的”儿童 401K 账户留下的好习惯。也许这只是一个我使用在自己身上的“绝地控心术”[①]，这样我就可以在每几个月登录一次账户时享受地看着账户里的数字“越跳越高”。也许这只是我父母如何把我养大的折射——从来没有听他们说过从个人养老金账户里取钱，因此我也想不到任何取钱的理由。

总结

青少年面临外部影响、做更复杂的决定并且应对不断变化的科技

每个家庭都必须做他们自己的选择，孩子们也在不同的年龄才成熟。在我们的掌控范围内，卡罗尔在 14 岁的时候可以很负责任地使用手机。她 13 岁时也可以把信用卡用得很好，但是 9 岁的时候她还在与 ATM 机作斗争。

十几岁是孩子们开始打工赚钱（入门级工作）的最常见的年龄，可以让他们了解关于工作和税务以及如何开立 Roth 个人养老金账户的知识。

如果你的孩子展示了财务成熟度，就可以考虑给他们更

① 绝地控心术，是《星球大战》系列影视作品里的技能招式，运用原力在目标的思维里制造幻觉，迷惑并误导对方。——译者注

大的责任，比如管理 6 个月的零花钱，管理他们的“衣服和化妆品”预算或者提出新的分享利润方法。他们也许会犯错误（就像卡罗尔一样），但他们同时也会用他们不断增长的财富管理技巧让你惊叹（也像卡罗尔一样）。

聪慧的读者也许注意到我们从不使用借记卡。那是因为我们习惯了 ATM 机、信用卡和奖励积分。我们不想使用借记卡也是因为我们还不需要。现在，我们会用 FamZoo 系统给孩子们开立借记卡并且控制他们的支出限额。

留意棋盘游戏（以及网站和 YouTube 频道），帮助青少年了解收入、储蓄和消费。一些学校会使用像现金流游戏这样的财商教育工具和孩子们讨论收入和生活，那些游戏也可以帮助你们找到家庭的教育机会。

作为父母，你会发现新科技并且想要弄懂如何安全地使用它们。如果你不去发现，你的孩子们肯定会。保持顺畅且开放的交流并且讨论如何适应且拥有这些新科技的生活。

本章要点

- 启发孩子思考“我怎么做才能买得起”，而不是一味强调“我们买不起”。
- 开立一个低消费限额的信用卡账户或者授权用户。
- 讨论兼职工作、工资和收入所得税。
- 开立属于孩子的 Roth 个人退休金账户。

第七章

套现儿童 401K 储蓄账户与第一辆小汽车

二手车卖家："你找到愿意给你钱的银行了吗？"
卡罗尔（拿着厚厚的信封）："就在这！"
二手车卖家："你竟然有现金？！"

——二手车卖家对卡罗尔掏出现金时的条件反射

本章金融术语与概念

- 从儿童 401K 储蓄计划账户里取钱。
- 适合青少年司机的汽车保险。
- 对青少年安全驾驶、车辆维护和跑腿赚钱的激励。

道格
儿童 401K 储蓄计划怎么了

就像大多数十几岁的孩子一样，卡罗尔非常喜欢开车。在她拿到驾驶许可前，我们已经在一片空停车场里练习了好几个月，拿到驾驶许可后就可以积累学时了。她想提前完成驾驶学习的要求，好在 16 岁生日刚过的时候就去参加路考。她正在和我们 1994 年的福特金牛座旅行车搏斗，这辆旅行车几乎和装甲卡车一样坚固，但外形非常土里土气。对于一位紧张的家长来说，这辆车具备了青少年安全驾驶体验所需的一切。

我们非常支持她对开车的兴趣！我们在夏威夷开车的次数远少于在美洲大陆开车的次数，而且我们在交通高峰时间的驾驶技术也有些生疏。我们知道，在她离开家到其他地方生活之前，她需要大量的当地驾驶经验。

坦率地说，我们很乐意能在汽车维修和驾驶方面给予卡罗尔更多的帮助。她在更换机油和保持胎压方面已经很熟练了，我们也知道她会非常乐意接管家庭杂货店采购的任务。

当快到卡罗尔 16 岁生日的时候，我们料想到她会迫不及待地花掉儿童 401K 储蓄账户里的钱。我们可以教她如何在网上挑选一辆好的二手车，检查然后试驾，最终商讨价格。如果她还没决定买车，她可以把 401K 储蓄计划里的 5000 美元转存到卡罗尔银行里。我们不用再支付 12% 的年利息了（因为现在她已经学会了百分数和利率），但仍然会比当地银行的利息高一点。

在我们准备开始搜寻二手车时，她给了我们一个令人意外的提议：她想用儿童 401K 储蓄账户里的钱与我们的钱联合入股，买一辆丰田普锐斯混合动力汽车。她会保养这辆车好几年，而且大部分时间都是她开。她提出，当她离开家上大学后，我们同样可以用 5000 美元把她在这辆车里的股份买过来。

当我想起这段对话，我得承认我们当时迫不及待地想要同意。我一直对工程技术着迷，卡罗尔和我一样。我们读过关于普锐斯的文章，而且我也坐过几次。我对混合动力技术很感兴趣，也希望“有一天”可以买一辆——当然，要在我们现在的二手车报废之后。

我们现在还不“需要”买一辆混合动力汽车，但是我们想要支持卡罗尔的财务激励方案（我们现在的金牛座汽车已经换了三个水泵了……）。她没有征求我们的意见就提出了这个想法，而且她愿意付出卡罗尔银行两年的利息换取这两年大部分时间的驾驶权。我们指出，她的想法就像是一份租车协议，租车协议一般都会有针对过度使用和损坏的惩罚条款。如果她损坏或忽略了保养汽车，那她的5000美元股份也许会被减少。

几周后我们买了一辆二手2006款丰田普锐斯。这辆车的驾驶里程很少而且保养得很不错，所以我们用现金支付了全款。（这是我们唯一一辆还差一年才超过丰田汽车质保期的二手车！）卡罗尔指出这辆车的油耗是我们之前那辆14年车龄的金牛座的三分之一，而且普锐斯更容易开。我们的冲突减少了，而且我们的车辆使用成本也大大降低了。

我们佩服卡罗尔的足智多谋，而且我们在那之后的两年里很少开车。她拥有这辆车的同时也负责保养，最后她只因为后保险杠上的停车凹痕损失了200美元。其实这不是她的错，但她从这件事情里知道了要对周围的粗心司机多一些防范意识。

更好的是，我们在她离开家上大学以后的十年间一直驾驶着这辆普锐斯。

卡罗尔

原始冲浪板

虽然我在瓦胡岛长大，但直到父亲从海军退役，我们才学会冲浪。当时的原因很简单：爸爸的同事在非常适合冲浪的时候会打电话请病假，而爸爸也不想在他已经很紧张的工作上分心。在夏威夷生活了十多年后，父亲决定退休后要对这个“冲浪瘾”一探究竟。

很确定的是，我和父亲在他退休后的第一个周末就参加了第一堂冲浪课。课后，我们都爱上了这项运动。从我五年级直到大学的许多个周末，我们都会驾车去海边冲浪。

可以说，开车是去冲浪的唯一方式。当然，我可以把一个 9 英尺[①] 长的冲浪板绑在自行车上，但单程就几乎要骑 25 英里[②]，而且海滩附近的路大多是没有修整过的。我也可以带着冲浪板乘坐城市公交车，但当时的城市公交车并不是为携带冲浪板而设计的[③]。我付不起 60 美元的单程出租车，那时还没有优步和来福车，而且也没有其他邻居冲浪，其他人平时都要工作很久，周末都是用来办事的，而不是去冲浪。

有一件事情促使了我想要尽快拿到驾照。上中学的时候，我等车的公交站点正好在我家通往高速公路的主路旁。那意味着每个早晨，当我和朋友们站在公交站点等车去学校的时候，父亲都会驾驶着车顶绑着冲浪板的福特金牛座汽车路过，一边开心地按着喇叭，一边冲我和朋友们挥手打招呼。公交车站有一个不能停车的标志，所以我和朋友们要忍受 10 秒钟的时间看着我那财富自由的父亲驾车开往漂亮的沙滩去冲浪，而不必像我们其他人一样通勤。

---

① 英尺：英制单位，1 英尺 =0.3048 米。——译者注

② 英里：英制单位，1 英里 =1609.344 米。——译者注

③ 当时，夏威夷州正在瓦胡岛建设其第一个高架铁路系统。从最早的设计草图来看，他们要确保乘客舱中有足够的空间存放冲浪板。铁路尚未完工，所以我还没有尝试过这种通勤方式。

这些早晨的经历也坚定了我要实现财富自由的决心。我知道，如果想要像父亲一样每天早晨去冲浪，而不仅仅是在周末才能去，我必须存很多钱。如果我要存很多钱，就必须要有一份好工作并且要维持财务状况的健康。如果我想有一份好工作，那我就必须在学校里取得好成绩。如果我想维持财务健康，就必须要学习如何理财。有趣吧？爸爸带着冲浪板开车路过竟成了我想要实现财富自由的强大动力。

道格
给青少年司机投保的建议

我们不是保险专家。很多州（和保险公司）向青少年司机收取高额保费，这看起来并不怎么值得。也许你甚至都不确定你的孩子们已经做好了当司机的准备。

你的孩子也许还不知道驾照有什么用。在财富杂志网站上，密歇根大学和美国联邦公路局的调查显示，千禧一代和Z世代[①]青少年的驾照持有率急剧下降。这可能是因为智能手机和社交网络，也可能是因为有了更多公共交通工具的选择和环境问题。如果你的孩子们对开车不感兴趣，那也不必强迫他们。

我们父母认为学习保养车辆与学习理财同等重要，最好

① Gen Z即Z时代，该词来源于美国，通常是指出生于20世纪90年代中期到2000年后出生的一批人。——译者注

把犯错的机会留在家里。我们把这些错误看作我们养育孩子必须要付出的代价,因此我们愿意承担。即使当保险公司(和你所在的州立法)把青少年驾乘险的保费提到很高,我们仍然认为他们在高速路上的驾驶经验远比没有经验更重要。

当我们把女儿加进我们的保单时,我们节俭的驾驶习惯才真的得到了回报。以下是为您的家庭做的一些财务建议。

开旧一点的车。

当孩子的车旧了并且已经不太值钱的时候,取消孩子车险上的碰撞和综合责任险[①]。

一些保险公司并不向持有实习驾驶证的青少年征收额外保费。

一些保险公司为好学生提供折扣。

一些保险公司向参加持牌驾驶人教育课程的司机提供折扣。

不要给他们买车。如果你保单上的司机比车多,那么你的孩子可以得到一个"偶尔驾驶者"折扣。

你的保险公司也许可以提供青少年卫星定位系统折扣。这些设备可以监控驾驶人的习惯以及为超速或急刹给出语音提醒。

碰撞和综合责任险是一个有争议且昂贵的险种。我们家

① 有点类似中国的车损险。——译者注

在 20 世纪 80 年代开始买二手车并且我们早就取消了上述的那些保险责任，并把省下来的钱用来购买下一辆二手车。新手年轻司机同样可以用便宜的价格买到很安全的二手车。如果他们被其他人的车撞了，他们仍将享有所必需的责任险保障。但如果他们损坏了自己的车,那他们就不得不自己支付修理费。

有新车（或奢侈款汽车）的家庭当然应该保留碰撞和综合责任险（也许可以设置高免赔额）。你可以决定孩子们是否需要驾驶那些车辆。

卡罗尔
对你来说，一辆新车究竟值多少钱？

同样在我 16 岁的时候，我发现那些在 16 岁生日得到一辆小汽车作为礼物的同学并没有很仔细地看管这些车。通常，这些同学会遇到本应可以避免的、令人记忆深刻的事故。比如一个孩子追尾了高中足球教练的小货车，当那孩子准备弃车逃跑时，教练当场抓住了他，那孩子被教练的训斥吓得直发抖。我的另一个同学在两年内由于驾车时发短信买了三辆“新”跑车。第三个同学未经允许“借用”了她妈妈的新车，并且当天晚上在距离她家仅 250 米处的一个著名街区，也是校车车站的地方把车报废了，这之后她被禁驾了整个学期。上面的一切都更好地提醒了我，如果我的同龄人在事故中撞到我甚至追尾，他们也可以轻而易举地对“我的”车造成同样的伤害。

同龄人的所作所为让我思考：当我那些不小心的同龄人在任何时间和任意地点都可以轻易地毁坏我的车时，我为什么还要买一辆新车呢？如果我在附近的商店里，而停车场里我的车被毁坏了呢？如果我的车被偷了，而且永远找不回来了呢？明知早晚会发生这些事情，我为什么还要花这么多钱呢？在一次事故中要损失这么多钱……光想想就让我害怕。

说到投资收益，每年会有一次，父母让我在 KBB① 网站上输入家庭普锐斯车辆信息，查看这辆车每年分别值多少钱。当观察到这辆车的价格在两年内从 2.1 万美元骤降到 1.6 万美元时，我感到不可思议——这 5000 美元相当于我过去 8 年所有“指数投资”赚的钱数的总和！这狠狠地提醒了我更应该好好保养我的车，而且当我用同样的价格可以买两辆、三辆甚至四辆二手车时，更要想想为什么要买一辆新车了。

道格
家庭用车

一旦卡罗尔可以合法开车上路，我们就把能想到的所有家庭差事和杂务都交给了她。

作为这辆普锐斯的主要拥有者，卡罗尔有义务给车加油（我们会给她报销因家庭使用耗费的油钱，因为我们觉得积累多一些驾驶经验十分重要）。她必须承担洗车义务（不用给她

① Kelley Bule Book 网站是美国十分权威的二手车报价网站之一。——译者注

洗车费），但她可以通过清洗我们的另一辆车而赚钱。

最大的家务是杂货店采购，这个特别有用，因为孩子们比父母吃得多。我们都拿着购物清单，她还是照常赚取用优惠券省下来的一半。我甚至还支付她额外 5% 的运送费，每次行程 5 ~ 6 美元。她用信用卡支付购物费并且赚取消费积分。

我们认为她应该喜欢这种像大人一样的购物体验：她负责寻找清单上的东西并且买最划算的数量；她可以花任意长的时间去逛货架并且尝试新产品；她试验新的菜谱并且必须找出这些配料；她了解所有东西的价格并可以开始评估价值；她必须要与收银员交流而且要在交易的过程中多加注意。

我已经有将近两年的时间没有去过杂货店了。

我们认为让孩子们了解食物预算是很重要的。看起来杂货店的员工对卡罗尔的印象也很好，因为卡罗尔已经有 5 年的时间没有来杂货店了，但仍有员工向我们打听卡罗尔的近况。

卡罗尔
买车养车

虽然普锐斯是我和家里共同拥有的第一辆小汽车，我仍然想念我独家拥有的汽车，它叫 Ekahi 或 'Eka（夏威夷语中“1”的意思）。那辆可爱的二手车是一辆 1999 年的本田 CR-V，2012 年我在得克萨斯州的休斯敦买来的时候，它已经有着 16.3 万英里的里程和 13 年的车龄。后来我把它卖掉用来买第二辆车（名字是……'Elua，夏威夷语中“2”的意思），我的 'Eka 卖了 1500 美元，然后换来了 'Elua。那个时候 'Eka 已经有将近 20 万英里的里程和 18 年的车龄，理论上说，相当于从美国往返西班牙那么远。

决定买一辆 CR–V 实际上是源于我大一时候学到的一些其他技巧。我的大学参与了 Zipcar 计划[①]，允许账户持有人（比如我）每次租车几个小时（我上大学的时候价格只有 8 美元 / 小时）。我和朋友们非常喜欢 Zipcar，因为我们只需要花搭乘出租车价格的一少部分就可以去喜欢的商场。这是优步和来福车大规模发展的前几年。

Zipcar 提供的车辆会进行定期更换，因此我有机会“试驾”好几款车型，比如本田 CR–V、福特嘉年华、丰田凯美瑞等。当我决定买自己的第一辆车时，我只是注册了 Consumer Reports 网站一个月的会员，为了在上面搜寻我在 Zipcar 认识的喜欢的车型。我发现老款本田 CR–V 的发动机比福特嘉年华的更稳定，后备厢里可以放得下自行车，而且价格更便宜。

我买车的那天是漫长且有巨大收获的一天。我和父亲与我在 Craigslist 网上找到的卖家见了面，并且在休斯敦高速公路上试驾了这辆车。我们还遇到了一位当地的修理师，我花了 100 美元，让他给了我一份关于汽车保养和其他我可能遇到的保养问题的准确评估。这 100 美元太值了——这个机械师

① Zipcar 是美国的一家分时租赁互联网汽车共享平台。它主要以“汽车共享”为理念，其汽车停放在居民集中地区，会员可以通过网站、电话和应用软件搜寻需要的车辆，选择就近预约取车和还车。

指出了我下个月需要花费 500 美元的保养费，因此我说服卖家在原价基础上便宜了 500 美元，但我都是用现金支付给他的。

当他看到我那装满了现金的信封时，他当场接受了这个还价。

在我买了那辆 CR-V 两年后，我要与西班牙罗塔的海军完成一项千载难逢的任务。海军会免费海运一辆汽车过去，因此我的车获得了一次免费的西班牙旅程。那辆 CR-V 在美国开了这么多年有点大材小用了，它与那些在狭窄的鹅卵石路、急转弯和其他疯狂路况的西班牙道路上出没的罗塔狩猎者们完全契合。它是一辆很棒的成年人的起步车和探险车。

在我买了 'Eka 后的四年时间里，我学会了很多汽车修理的知识。有一次，在我搬运一个朋友公寓的家具时，我不小心把车里面的门把手弄掉了，我知道如何在亚马逊上搜寻并买到配件，并且在 YouTube 视频的帮助下安装了新把手。几年后又发生了同样的事情，当时一个连接刹车信号的小塑料零件坏掉了，导致我开车的时候刹车灯一直亮着。我再一次找到了替换部件并且在 YouTube 上找到了视频，然后快速修理好了。但当发动机在一个繁忙的周末——7 月 4 日（美国独立日）坏掉的时候（讽刺的是坏在了当地汽车配件商店的停车场里），由于我的工作加了薪水，我在美国的新任务要每周工作 80 小时以上，因此我需要一辆不需要突然修理的更好的车。

买 'Elua 与买 'Eka 的方法很相似。我注册了一个月的 Consumer Reports 网站会员，决定这次买一辆丰田 RAV-4。因为我很少有空余时间，所以我选择了一家方便的二手车经销商，而不是看耗时的 Craigslist 广告。在以 1500 美元的价格交易了 'Eka，并再次协商以“现金”支付最终价格之后（实际上是一张纸质支票，经销商会在我开具支票的同一天兑现），我在 2016 年以 11 000 美元的高价买到了新的 2011 款 RAV–4。

说到现在，我和先生最近开始了只有一辆车的生活方式。我离开现役去了预备役，这意味着我现在是兼职工作。他是一名军校学生，每天大部分时间都在校园里度过，因此自行车比汽车更方便。我们住在离他学校很近的基地宿舍里，因此他只需要骑着自行车上下课，他的制服被小心地存放在一个“衣柜”里，那是一个很容易挂置在自行车上的袋子。我们家唯一的这辆车一周内有四天都是停放在车库里，其他时间我们会开车去杂货店购物，去距离太远而不能骑自行车的城里赴约，去教堂，当然还有去冲浪！

我和先生决定我们只需要一台车就够了，买一辆非常省油的车可以帮我们长期节省油钱，而且是一台符合我们未来打算的“适合儿童”的车。因此我把我那台开了 8 年的 RAV–4 卖给了我先生的弟弟，我先生也卖了他的那台 2012 年的大众捷达（2019 年大约价值 3300 美元），然后我们买了一台打折的“新的”丰田 2015 款普锐斯 V。当我们在 2019 年买这台普锐斯 V 的时候，我们用支票付了 1.9 万美元；再一次，我们扬眉看着经销商并且被告知：“我们不经常收支票……我需要一点时间查阅一下收支票的政策。”

在我开车的 10 年间，我搬家了 6 次，居住在两个国家的

5个不同的州，我根本不需要买一台新车，也从来不必还车贷，而且我从来没有被我的二手车拖入困境。我学习了很多生活技能并且提升了自信心。

总结
对孩子来说儿童401K储蓄账户是他们成为长期储蓄者和投资者的巨大动力

儿童401K储蓄账户从庆祝生日和零花钱上涨开始——同时也提供父母搭配供款的“自由金额”。附录A里的表格能帮你们开立自己的401K储蓄账户并且为孩子们展示储蓄金额每年如何增长。我们非常吃惊并惊叹于卡罗尔用她的儿童401K储蓄计划入股我们家普锐斯的想法，并且这也给我们节省了几百美元的青少年司机保险费。帮忙做家务事和家庭采购的财务激励也给了她更多的驾驶经验。在家与父母讨论也有助于她提升成年人应该具备的技巧。

本章要点

- 加速达成储蓄目标：儿童401K储蓄计划的养成！
- 促使你的孩子们找到可以负担得起的车险或者达成拿到折扣的条件。
- 为安全驾驶和家庭采购提供特权和佣金。

第八章

长大成人

“你试图把母亲的那个抚养你长大的漂亮的家变成PINTEREST上说的你应该拥有的那个漂亮的家。事实上你没有钱，因此……”

——埃莱扎·施莱辛格（Iliza Schlesinger），
喜剧《千禧姐》

本章金融术语与概念

- 18 岁：成熟的年龄。
- 帮助一个年轻人成为教育基金的好管家。
- 通过实习、工作以及创业想法赚钱。
- 用生命能量换取金钱。

道格

管理孩子们关于教育基金的预期

我将重复一个来自第一章的理念：存多少教育基金是你自己的选择，这取决于你的本金还有你的储蓄率。

无论你决定存多少教育基金，都应该自孩子中学起就管理他们的期望。总是对孩子们的期望不断加码，可能会给你的孩子增加压力。

那些在高中时关于生活的全部探讨也许会改进孩子们在高中时期的表现。在高中开始前与孩子就探讨高中后的教育财务状况，可能会使他们找到在学校取得优异成绩的内在动机。

一种方法是告诉你的孩子，你愿意支付他们两年社区大学的学费，或者在州立大学里每学期给予一定数量的财力支持，剩下的就要靠他们自己了。还可以和他们讨论勤工俭学项目、奖学金，甚至是学生贷款。

回到 1992 年，当我和玛吉仍然是拿着固定工资的现役军人时，我们决定每个月将工资里的一部分钱存入教育基金，用来支付最少 4 年的州立大学费用。在我们离开现役去从事其他工作前，我们希望让这份教育基金有尽可能多的时间去积蓄利息。

起初我们把钱存在一个非常激进的股票指数基金（100%投资于股市）中。这笔钱经过许多年的投资后，我们觉得这个基金已经可以足够支付大部分私立大学的费用了。我和玛吉在工作的时候存了足够多的钱，而且我们的高储蓄率让我们正在往财富自由的道路上发展，因此我们维持了这个投资选择。如果卡罗尔用不到这笔钱，就可以继续为她读研究生或者获得其他证书做准备。

当卡罗尔到了 13 岁，我们不再买股票基金而是开始买债券。当她到了 15 岁，我们开始将股票基金的一部分变现，转存到 3 年期的定存。从她高中毕业，她的大学基金就几乎是来自定存和债券。在她大一那年，我们把最后一笔股票基金变现，买了最后一笔 3 年期定存。

早一点让你的孩子们知道家里的钱可以给她提供什么支持，她就可以早一点找到解决教育问题的方法。也许他们起初对上大学并不感兴趣，他们也可以有足够的钱去读一所中专并取得一份职业证书。好的电工甚至比水管工赚钱还要多，而且这两个职业都不能外包到海外。

卡罗尔
在初中时探讨高中生活

要在初中的时候就尽早为高中生活做更多具体的打算，比如孩子们在高中想要学习哪些专业课程和兴趣爱好。我的父母在我快要结束 7 年级、正在为 8 年级选择选修课的时候跟我探讨了这个话题。我可以选择尤克里里[①]这种夏威夷常见的兴趣类选修课，或者可以选择像代数一样的学术类选修课。我的中学也给我施加压力，让我参加课外学术活动，比如学校管弦巡回乐队和竞赛。这成为我们家的一种健康且积极的探讨。

在权衡利弊之后，我决定选择学术类选修课，因为我可以早一点学习这门学科。如果我初中的时候代数学得不好，我可以在高中的时候再学一次，这是我的“第二次机会”。但是中学代数成绩好实际上比“尝试更困难的事”有更大的优势。在初中学高级学术课会让高中数学课程合格甚至有所提升，甚至让你有时间去修 AP 或 IB 课程[②]而不是“常规”课程。那些学术课程可以让我在高中的时候就具备大学（社区大学）级别的数学水平。理论上，我可以把社区大学的数学学分转

① 夏威夷四弦琴。

② AP 课程源自美国，没有固定的课程计划，学生可以自由选择一节或者多节课程，像特长选修课，需要配合高中文凭使用。IB 课程源自瑞士，是一个国际工人的文凭，想要拿到 IB 文凭，需要完成一定数量的课程，涵盖不同科目。IB 可单独作为文凭使用，等同于高中学历。

到本地四年大学里，这意味着我不用再学习基础数学课程了。我可以早一点大学毕业,或者在本科学习里加一些研究生课程。长远来看，我既花了更少的时间重复学习，同时也节省了学费。

而且，如果我不参加那些课后的学校管弦巡回乐队和竞赛，那么这些省下来的钱也可以在教育基金里积存利息。

我在 8 岁的时候就知道父母要攒够我上大学的钱：这只是众多家庭会议中的一次普通声明，但却为我坚持执行。我也知道这笔钱只能用于我的学业、取得好的成绩、考进大学且顺利毕业。我个人从来没有想过读大学以外的其他选择：我想要一个大学文凭。

直到我在十几岁去看望父母的一位海军朋友，这次命中注定的拜访让我开始考虑大学毕业后参军，尤其是海军，因为我喜欢水并且想要“看世界”。在我确定海军预备役军官训练营（ROTC）奖学金是最适合我的之前，我高中的大部分时间都在研究加入海军的各种方式。有了 ROTC 的奖学金，我可以支付学费和书本费，可以得到一套免费制服（价值几千美元，吃惊吧），并且可以参加一项与军事相关的训练计划（包括几乎每天的体能训练和每周的军事课程和活动）。当我大学毕业之前，我就可以作为美国军官来赚取工资。毕业后，我必须在海军服役 8 年。我认为 ROTC 奖学金是一个可以免费读大学的神奇方法，而且可以在毕业后有一份稳定的工作，和军校比起来可以有更多大学日常的自由。

虽然这么说，但我的 ROTC 奖学金并不能覆盖全部费用。

父母为我存的教育基金用来支付我的食宿费和假期往返学校的机票。有段时间我曾经考虑把教育基金用于春假旅行或参加特殊的活动。但是那个时候我想起来（或者被父母提醒），如果花掉教育基金我就会损失利息和以后的利润分享权益。

就像承诺的那样，当我从大学毕业后，父母通过每年的免税赠予（在第十章里说到的）把教育基金一半的利润支付给我。理论上，我可以把这笔钱留在教育基金里并留着读研究生时用。但那个时候我还不想读研究生。在写这本书的时候，我仍然也没有读研究生的打算。

道格

管理高中生活预期并且给出财务激励

当你可以让孩子的动力与你的财务动机相结合（详见第五章），那你就可以把这个技巧扩展到他们的高中生活中。

让他们知道当年轻人离开了家，他们要重设他们的生活标准，而且不得不省吃俭用。就像父母刚开始工作的时候，他们要开始过朴素且简单的生活。（他们看过你们的照片，对吗？）你的孩子们将不会得到在自家生活时的那种质量保障（更别说娱乐活动了）！

理想的是，他们可以与人合租在一个安全并且有公共交通或有可靠的交通工具的街区。同时，当他们学会了朴素的生活时，他们可以准备一笔用来当作应对紧急汽车维修或失业这种意外的应急资金。

接下来，你们没有义务支付他们获得大学文凭或中专证书的费用。你们可以商讨一个折中方案，比如勤工俭学，并表明你们可以支付社区大学的两年开销。你要提醒他们学生贷款是一把双刃剑，既是一个可以迅速提升收入的方式，也可能会让他们背上五位数的沉重债务。

不管他们是否想上大学，让他们知道他们取得的任何一笔奖学金都是他们自己的。（当作为父母的我们得知有许多校友奖学金可以申请时，我们感到非常惊讶！）学生们可以用奖学金搜索软件,也可以去校友会与财务援助办公室寻找更多机会。

事先核算一堂课的费用和潜在的后果："错过早上 8 点的一堂课相当于浪费了教育基金里的 102.31 美元，而且也会导致晚一学期毕业。"让他们把钱花在食宿上，无论是把钱交给大学宿舍（在食堂吃饭）还是住在校外（自己做饭）。如果他们决定住在校外（与室友合租）而不是住在宿舍（与室友合住），那么他们可以在学期末保留剩下的钱。

不论他们的专业是什么，都鼓励他们去学习商务课程。这些课程不仅对会计和企业家有用，对工程师、科学家、医生和律师——尤其对于文科生同样有用。他们只有学会了自我保护的技能，才能应对这些工商管理专家和营销人员将对他们做的事情。也许他们会想要自己做点生意。

这里有一个大胆的想法：可以把一学期的费用给到你的孩子，让他们自己管理教育开支。为了这一刻你们已经准备了十几年。现在你们可以真正观察他们是否具备了管理大额财富的能力！

你们甚至可以提出一个新的财务激励方案：如果你的孩子已经可以自己管理教育基金，那他们可以在大学毕业后得到利润分配。点到为止，剩下的让他们自己去摸索吧。

卡罗尔
成长阶段的庆祝与仪式

如果你的家庭对于负担孩子高中后的教育费用有不同的看法，那么你的家庭也许对一些成长阶段的庆祝与仪式也持有不同的见解。对我们家来说，我们非常看重取得高中文凭和上大学，但是高中毕业典礼本身对我们来说并没有特别重要。

这是我高中毕业那年的情况。所有即将毕业的高三学生都必须支付 75 美元左右的费用购买（而不是租、借或买二手的）全新的、只穿一次的毕业礼服和闪亮的棕色披肩。毕业生在毕业礼服下面的穿着也必须按照要求，女生必须穿长度及膝的白色裙子，垫肩不得超过一寸宽，穿白色鞋子或 1 ~ 3 寸跟的凉鞋。女生不允许穿男孩子被要求穿的裤子和带领的衬衣。

我们一起毕业的有超过五百名学生，高中校园的任何地方都装不下这么多人，甚至足球场也装不下。于是毕业典礼将在距离市里开车 45 分钟的大学足球场举行。所有毕业生都被要求在毕业典礼前的两个星期六上午到学校报到，练习上下毕业校车，然后在大学足球场进行彩排。每一场练习都至少要4小时，而且热带气候非常炎热，每个毕业生在彩排中只能喝瓶装水。这是一次费钱又费力的经历。

这对于毕业生来说并不是唯一一次令人震惊的经历。在高三的秋季学期，我们被要求在我们所在的高中体育馆参加一场特别的“戒指召集”的活动，我们看了一段戒指公司的浮夸介绍并且拿到了一张预定表格（还有在线商店链接）用来购买我们的高中戒指。我为了要自己支付高中戒指的事情和父母争论了许多天，父母迅速指出他们俩都没有从高中戒指中得到任何喜悦，但是结婚戒指和大学戒指对他们来说意义更大。于是我决定效仿，直到现在我都非常开心我这么做了。[①]

此外，家长们还收到了大量“礼包”和广告，让他们购买各种毕业用品：高级摄影课、用有闪亮的地址贴纸的羊皮纸为亲戚制作的特别邀请函、用来放毕业照片的玻璃相框、为2010届毕业班准备的“SEN10R”品牌服装和衬衫、用来当作“毕业纪念”的一个额外的流苏，甚至只有半张纸大小的高中文凭证书框。任何一个家庭都可以在参加毕业典礼和各种派对前轻而易举地花掉1000美元。

而且1000美元相当于一个全新的定制冲浪板的价格。

为了一个简单的两小时的毕业典礼要花好多时间和金钱去准备。花几个小时找一条没有我尺码的白色裙子，然后不

① 我的外祖父母（他们的父母是美国移民）非常重视大学教育，并为我买了大学戒指作为毕业礼物。现在这个戒指仍然是我最珍贵的财富之一，我一直戴着它。直到我大四那年告诉他们我收到了学校的戒指订单表，他们才告诉我他们会为我买毕业戒指。

得不去定做；找一双我可能不得不在网上买的鞋子并且要支付跨洋运费；买一条只穿一次的裙子；翘班（我非常喜欢的工作）花两个周六上午的时间去彩排毕业典礼，这看起来都太浪费时间和金钱。

因为家里的其他人不能参加毕业典礼（他们离得太远了，而且那时毕业典礼还没有直播），我和父母意识到我参加毕业典礼毫无意义。我们与学校再次核实，并得知并不是必须在毕业典礼中“走一下”才可以拿到高中毕业证。实际上，高三学生们在典礼现场会收到一个“假”证书，并在下周二返校时才可以领取真正的文凭。

与其费时又费钱地参加毕业典礼，我和父母共同决定我不去参加了。但我仍然会和朋友们参加晚会，并完全享受其中，父母会给我付钱。我和父亲并没有把毕业典礼的钱分掉，而是买了一个全新的定制冲浪板。十几年后，家人们想去冲浪的时候仍然会用到我的这份“毕业礼物”。事实是，跟我父亲学冲浪的人都是在我的“毕业礼物”上学会的。这比买一条芥末黄色的袍子和额外的流苏开心多了。冲浪板带来了数千小时的乐趣，而不只是仪式上的两小时。

可以明确地说，我的高中文凭仍放置在我书柜里某个位置上的原始纸质支架上。而我的大学文凭则被骄傲地挂在我们家的墙上。从很多方面来说，这个最终的财务决定标志着我从父母教给我的课程中毕业了。我可以做到把时间和精力花在我重视的事情上，而不是“从众”和迫于同伴（甚至是家人）的压力。

道格

一封父母写给 18 岁女儿的信——“你得靠自己了！”

随着卡罗尔逐渐长大，她开始挑战我们的权威。我们把这种行为看作我们教育的成果，而不是冲突。我们仍是成年人，仍拥有权力，而且我们并没有被真正地激怒。我们意识到我们营造了一个安全有爱的家，卡罗尔可以在这里展示她“最坏”的脾气。作为一个十几岁的孩子，她的反抗帮助她张开独立的翅膀并且为离开家做准备。

玛乔丽·萨维奇（Marjorie Savage）在她的书《你得靠自己，如果有需要，我会一直在》[*You're On Your Own*（*But I'm Here If You Need Me*）] 中写到了这些改变。当你的孩子因为大学假期、旅行或军役，隔了好久才归家，做父母的就好像在家里接待一个外国交换生似的。

这个外国交换生和你不同，梳不同的发型，穿不同的衣服，还有许多其他的文化差异。作为主人，你会被他们的背景和生活方式所吸引，并被他们身上的不同所影响。你想更好地了解他们。

然后萨维奇女士指出你们家的年轻人也是同样的情况。如果你发现他们梳尖尖的莫西干发型、打耳洞、文身、走哥特风……这并不是对家庭价值观甚至是对父母权威的挑战，这可能根本与你们无关，这是你的孩子们用他们自己的方式在宣告成年与独立。

如果说有什么影响的话，你的教育方式让他们对这种新的表达方式感到舒服。放轻松并且更好地去了解这个陌生人吧。这可能是一段美好的新友谊的开始。

我和太太在读大学的时候，摸索着蹚过父母期望的雷区。我记得我特别搞不懂父母希望多久收到一封信和一通电话，以及我该如何度过假期（这要追溯到2000年，在互联网和智能手机出现之前的“猛犸象时代”）。18岁时，我对他们的旧规定有了新的理解，比如“宵禁”和“过夜”。

当我们的女儿在2010年离开家去上大学时，我和太太回想起我们自己的大学时光。我们决定抓住主动权并且制订进一步商讨的基本规则。我们并不是控制狂，我们只是想为下一代做我们当时希望别人为我们做的事情。我们用一封父母来信为一个18岁的孩子解答了困惑。

当卡罗尔18岁的时候，她的支票账户和信用卡仍然和我的绑定在一起，尽管我们两个都希望结束这种绑定关系。她在大学的第一个学期还有许多其他的事情要顾及。当我们写这封信的时候，她正在与作业、考试、后备军官训练队的锻炼和她个人的消费习惯做斗争。

请随意使用下面这封信并且根据你家的情况做修改。

> 生日快乐！
>
> 你的18岁生日也标志着你不再会收到我们给的

零花钱,生日和假期也不会再收到我们的现金礼物了。但我们仍然会承担你的后备军官训练队不负担的那部分学费，而且我们的教育基金也会继续缴纳你的手机账单。但以上两项补贴只会持续到你大学毕业!

下个月我们将支付你最后一笔服装和化妆品的开销。从那以后，因为你的专业是工程学，所以其他人不会对你身着破衣烂衫而感到吃惊。你依旧可以告诉人们你在考虑像父亲一样加入海军。

我和妈妈还没有同步这个消息，但你应该试着过你的生活，就当作我们不会再给你钱了。当你有了自己的个人资产（就像你收藏的军装）以后，就要考虑买保险，这样你就不必在遭遇偷盗、洪水、火灾的时候喊“爸妈”去给你资助了。你应该知道我们也没有打算资助你买房子，因为你应该靠自己攒首付。

当然了，我们会为你买任何时候回家的机票。当我们在一起的时候，我们仍然会带你出去吃饭并买单，但很有可能在60年后，你将不得不喂我吃东西来回报我们当初的慷慨。

在遥远的将来，作为准新娘的父母，我想我们会支付一大笔婚礼费用——一个待以后重新讨论的话题。也许某天我们也会宠溺你的孩子们，每年带他们去一两次迪士尼主题公园，也偶尔会让他们在我们这里过夜或者和我们过周末。然而，我们不想为了方便你上班或执行周末任务帮你带孩子。我们想成为“后备祖父母”：一个月有一个周末或者一年有两个星期帮你带孩子。我们也不想在你有军事部署的时候照顾孙子孙女，但如果在必要的情况下，我们是可以的。

在这个圣诞假期，如果你想在家度过，我们每天会花 20 分钟做以下财富自由工作。

把你的 Roth 个人养老金账户转到你个人名下；
在你的信用社建立存款证；
把你的信用卡账户从我的账户分割出来；
申请你自己的信用卡；
为你的私人财产保险询价；
做你的收入所得税申报表。

我会为你提供一个独立的终身服务，不是作为“父亲”而是作为“教练”。我和你妈妈在过去的这些年里学习了很多理财技巧，其中很多都是好不容易才学会的。我们可以和你分享几乎所有重大财务决策的利弊，包括婚姻和孩子。请你随意做自己独立的决定，而不必咨询我们。但在你签署任何文件之前，你可以告诉提供给你这笔“划算交易”的人，你想和你的财务顾问讨论一下——然后就可以给我们打电话。我们将告诉你应该到哪里去学习，考虑什么问题以及你可能想做的选择。我们承诺不会批评你的生活方式或你的标准，尽管我们可能会对我们年轻时候的行为开一两个蹩脚的玩笑。

我们写这些并不是打算伤害你的感情。如果我们让你有那种感觉，请给我们打电话并让我们好好聊聊。

在发出这封信的几周后，我们的女儿结束了她的第一个学期。她说已经准备好回家度假了，因此我们给她发了另外一封关于“预期”的信。

既然你几周后就要回家了，我们应该提醒你一条家规的变动：

那就是不再有任何规则了。

我们感觉你这次是作为一位特殊的客人回来的，而不仅仅是“我们的孩子”。坦白地说，我和你妈妈更想做你的人生导师与教练而不是父母。我们永远是你的爸爸妈妈，但我们觉得在你长大成人的转变中，我们所有人都有获益！

当你回到家，再也不会有任何家务和唠叨，我们也再不会问你的作业或者你要去哪里见什么人，但也不再会有过去那些有趣的事情。很抱歉。

你只需要试着做一位好客人，我们慢慢会把事情理清楚的。比如，你知道在午夜前离开街道是一个安全的做法——但我和妈妈不会再监督你了。

卡罗尔

改变与切断财务脐带

当我收到父母上面的来信后，感觉就像他们看得到我的内心。在我去上大学的半年间，我改变了许多。我没有参加过任何改造计划，但我说话和思考的方式已经和高中时不同了。知道他们会一直欢迎我回家，这让我松了一口气，这次我将被当作一名成年人而受到招待！

说到成年，大部分孩子都在 18 岁上大学，那个时候他们已经是法律上的成年人。在他们离开家庭庇护的同时，后果也很现实。父母为我偿还信用卡并支付利息或罚款的日子一去不复返了。我的信用评分不受影响的日子也一去不复返了。

幸好，我在仍是一名未成年高中生时就受到了信用卡的教训。

我坚信未成年人在成为法律上的成年人之前，至少应该通过拥有自己的信用卡来理解何为信用。孩子们应该在十几岁的时候拥有一张信用卡，不论是独立账户还是父母的关联账户。我也坚信，一旦一个孩子到了在法律上成年的18岁时，他们应该只有他们自己独立的信用卡，这可以让他们“像大人一样行动”。我之所以这么说是因为我的父母就是对我这么做的，而且我在20多岁的时候仍然能从中获益。在大学里尤其明显的是，拥有独立信用卡和独立收入现金流的我比其他使用父母关联信用卡并靠父母支付所有大学费用的学生要成熟得多。

我现在仍然不认同家长将大学生的信用卡与他们的账户关联起来，美其名曰可以“监督他们以防发生不好的情况”或是“因为他们没有信用记录，和我们关联在一起可以拿到更好的信用额度”。我在身边同学身上看到的却是接踵而至的关于“孩子花父母的钱”的家庭争吵。我经常听同学们说他们每天或每周都会接到父母的电话，询问他们在月结单或电话提醒里“发现的”最近某次信用卡交易。在这些电话里，家长们会试图通过电话“教育”他们的孩子，而孩子们则会以一种不成熟的态度接受这种“教育”。学生们因为这些电话而感到被冒犯，会向同龄人（比如我）抱怨而不是和他们的父母谈论此事。

我再一次深深感谢父母赋予我的这种隐私权，可以让我在童年的时候拥有属于自己的零花钱。甚至在我小时候向我父母要钱的时候，他们也从来不会问“为什么要钱”或者“要钱做什么”。除非我找他们帮忙，否则他们不会翻阅我的银行月结单。我从来没有意识到，父母“把我当作成年人对待”

的最微妙的方式之一就是让我保留花钱的隐私权，就像我在浴室里拥有的或别人打固定电话找我时的隐私权一样。我的父母只在我马上就要花超预算的时候出来干预，甚至那个时候他们也不会问我把钱花在了什么地方。

我在大学同学身上看到的最健康的方式是家庭对谁负责哪些开销有一个明确的界限。许多父母会支付奖学金和勤工俭学项目不负担的学费、书本费、食堂餐费和住宿费。我观察到，让学生通过长时间工作来支付这些昂贵的费用，往往是导致他们彻底辍学的原因。"底线"通常是指"娱乐费"或"现金消费"，这些家长们希望孩子们能通过自己的努力来支付校外过夜、派对用品和其他休闲活动的钱。

知道界限的学生往往会找一份工作或用他们的其他收入来支付周末外出、宿舍平板电视或父母不愿意支付的其他东西。这些工作通常是每周 15 小时以内，这给学习和上课预留了充足的时间。

在大学校园里有很多赚钱的方法。比如后备军官训练队的奖学金，我从中获得了几百美元的津贴，我所在的单位还从一位匿名捐赠者那里获得了一份每学期几百美元的奖学金，视每一位学员的功绩发放。我也会在几个工作日和周末的早上去学校当向导员。另一些朋友则在健身房和校园（一个可以同时学习和赚钱的便捷方式）等不同的大楼里负责前台的工作，或者在大三大四时充当助教，或者加入一间家教或保姆公司，他们喜欢聪明的大学生加入他们的队伍。每小时收入 20 美元的家教或保姆是赚得最多的，但学生们需要开车离开校园才可以去工作。

如果学生打对了牌，一些临时工作也会给他们的所学专业甚至是未来真正工作带去所需的宝贵技能。一些学生在教授的私人咨询公司找到了工作，或者在街对面的一家医院做助手（我的大学毗邻休斯敦医疗区，很多同学都是医学预科生）。我的大学和当地校友的关系很棒，因此校友更愿意从母校为他们蓬勃发展的公司挑选暑期实习生。

学生们不仅可以用暑假打工赚到的钱来支付大学费用，雇用他们的一些公司也可能被这些学生的表现震撼，迫不及待地想要邀请这些前实习生在毕业后回到公司做全职工作。那些不得不出去找工作的学生对于这些“得了便宜的实习生”格外嫉妒。

卡罗尔
像修道士一般生活

妈妈笑着对我说的话仍在耳畔：“我的女儿啊，你大一时要过像修道士一般的生活了！”

她说得对。我已经习惯了在父母的屋檐下使用父母缴纳电费的电器。虽然可以说我曾帮忙维护房子，但我肯定没有支付房产税，也没有支付多年来任何固定装置和电器的折旧费。我已经习惯了在几乎不学习的高中时期，整天看电视，一有空闲就和朋友们出去玩。我还有一辆车，可以坐在里面开着它在我住的岛上转来转去。

由于要靠自己，我带着两箱刚刚够用的衣服和个人用品住在大学宿舍。当然，家具是大学提供的，而且我的制服也是由后备军官训练队奖学金免费提供的。另外任何其他需要用到的东西，我要么装在行李箱，要么已经买了（比如浴巾和床单）。我的新笔记本成为我的个人助理，多亏了安排得满满的课程，我一下子过了几个星期的连真正的电视都没看的日子。我的舍友和我成为朋友，我的自行车成为我主要的交通工具，而且我每周只离开学校一两次。

与此同时，像修道士一样的生活让我意识到我真正在意的是什么。突然间，洗衣服成了一件很有意义的事，而不是一件讨厌的苦差事。我不想买衣服，因为我很高兴在校园活动[①]中能得到许多免费的优质T恤，而且父亲说过，没有人会在意一个工程师在学校如何打扮。我极少使用电视以至于直到我结婚后与先生住在一起时才买了一台。花100美元买一个结实的背包是值得的，因为它要跟着我到处走，而且我十几年后仍然留着这个背包。拥有一台可以拍摄黑板照片并将笔记快速备份到云端的iPad，对于学习和减轻背包中纸质笔记本和课本的重量也很重要。下雨的时候（说真的，休斯敦会下倾盆大雨！）将iPad放入防水塑料袋也比把一堆课本和笔记本装进去要容易得多。

---

① 那些T恤的质量很好，我至今还把它们当被子用。有很多公司会拿一堆旧T恤缝制一条高质量的毛毯，费用在100美元到200美元之间。我参加了Repat项目，毕业后的那个周末我就把T恤寄了出去。当我被分配到我的第一艘船上时，我很高兴地收到了毛毯，这是一个在航行中“家”一样的安慰。

说起娱乐休闲，大学生们有很多免费和打折的娱乐活动可以选择。我的宿舍在一个有户外音乐厅的公园街对面，那里定期举办免费的音乐会和表演。由大学补贴的一段短途且价廉的地铁连接的休斯敦市中心提供专业水平的戏剧表演和专业体育比赛，大学很乐意为其提供赞助票。我有一些极具天赋的专业学习音乐和戏剧的朋友们，他们总是渴望在观众中看到熟悉的面孔。有了这么多廉价的娱乐休闲活动，我尝试了以后很快就知道了我喜欢什么和不喜欢什么。

通过像修道士一样生活并且不断尝试廉价的娱乐休闲活动，实际上我变得更擅长砍价并且更清楚我想要把钱花在什么上面；我知道了哪些活动可以让我感到快乐。像修道士一样生活意味着我像修道士一样花钱，而且我开始更好地看管我的物品。大学最好的部分是，在金钱方面，我有了一个全新的开始，并且在远离父母的情况下尝试经济独立。

如果我能完全通过工作实现经济独立就更好了……

卡罗尔
课本上的笔记

在我大三之前，我已经掌握了一个学期花 100 美元或更少的钱买五门或五门以上课程用书的技巧，并且通常还能收回花费的 70% ~ 90%。秘诀在书市、亚马逊二手书专区这样的课本省钱网站。我的宿舍，还有我们工程系都有书本交易体系，学生们可以通过谷歌提供的公共电子表格买卖第二年的书籍。当我写这本书的时候，我还了解到，学生们也可以利用很多在线图书数据库。比如，我的母校现在宣布建立了一个名为 OpenStax 的数据库，这家公司有一个应用程序可以用来下载课本到学生的设备上。

当课堂上仍然需要纸质课本时，我也知道二手书比新书好。这些二手书的页面空白处往往有前一位主人留下的精彩笔记。有时会有诙谐的笑话打破长时间学习的无聊。也有时候，有用彩色笔突出的部分，上面写着："这在测试中考到了！"

另一个使用二手课本的好处是我可以把钱存在大学教育基金里。通过买二手书，我可以将那些节省下来的钱存起来积存复利。有时候我会开玩笑说只有把买书的钱省下来了，我才可以负担大学毕业后的生活。

我不推荐为了省钱而在朋友间共享课本，尤其是朋友之间住在不同的宿舍或有不同的课程表。即使这些书是"轮班"使用的，但总有人会"霸占"这本书，双方都会发现自己为了追踪这本书承受了巨大压力。如果那本书被校外的宠物咬了或是掉进了一个深水坑——那就完了！

道格

当你为年轻人提供财务激励的时候会发生什么

我们女儿在大学里的创造性生活再次让我们感到惊讶。

她收集了我们从未想过的想法并且提出了自己的创新思路。

接下来的大学事件是搬到校外居住。结果证明这是一个非常好的主意。

我们女儿的大学扩招学生的速度高于建新宿舍的速度。当学校强硬告知她在大三和大四的时候要到校外居住时，这笔新的开支让她感到沮丧。她不知道自己是否能找到一套负担得起的公寓，而且住在校外让她去食堂吃饭变得困难得多。

在她暑假的时候，一些金钱方面的预算压力让她在家里爆发了，这让我们这些不知所措的父母大吃一惊。经过几次激烈的家庭讨论，我们想出了另一个利润分享的方法。

我们没有为卡罗尔上大学支付另一个学期的食宿费，而是把这笔钱直接给了卡罗尔。她可以选择自己的生活方式：一套漂亮的公寓和简单的食物，或者一套便宜的合租公寓和更多的外出就餐。她的挑战是要用这些钱度过包括假期在内的六个月，而不仅仅是一个学期，但剩下的钱都归她。

我们甚至不必讨论她如何选择。她立即找到了两个室友合租在一间有两个房间的公寓。她搜遍了 Pinterest 上的食谱，去杂货店大量采购食材并且每周使用一次厨房为下周准备 15 ~ 20 份半成品健康餐。她甚至在壁橱门上安了一把锁，并把它租给需要额外存储空间的室友。

这些不仅仅是生活的惊吓——它们是经济独立的助推器。据我们所知，她并没有丰富她的生活方式。她剩余的资金用于大学毕业后的储蓄和投资。

卡罗尔
庆祝用品，第二部分

孩子生命中每一个重要里程碑都是一个学习做出独特财务决策的机会。其中一个里程碑是大学毕业。

首先，我要说的是大学毕业比高中毕业要复杂得多，而且可买的东西要少得多。没有着装要求、没有典礼前彩排、没有毕业装备彩页，而且感恩的是毕业服是普通的黑色，可以买新的也可以买二手的。班级戒指是他们自己分别定制的，而且庆祝典礼在大四一开始举行。

然后，大学毕业礼物真的没有标准。理论上来说，没有理由让家里在赞助了（或许曾赞助了）毕业生大学教育后又要给他们准备毕业礼物。大学毕业是一次金钱可以赋予独特财务决策的事件。

因为我大学毕业与我开始海军军官的工作是同一天，我已经准备好用做海军军官的钱前往我在西班牙的新值班站了。父母想到了一个我从没想到的独特机会和毕业礼物：他们给了我任何想要的、小时候家里的家具。这是父母的一个绝妙举动，但这一举动却让他们周围许多送钱的父母感到困惑。

父母有好几个原因送我旧家具。

其一，他们提供所有古老的、坚固的、破旧的家具，这些家具已经在海外军事转移中幸存了20年，而且在跨洋运输中报废之前，可能还会再经历几次军事行动。父母这样做可以确保我不必在“家具”上花钱。

其二，因为是海军帮我运送我的物品，所以父母不必支付这些旧家具从家里搬出去的运费。父母可以用这笔钱购买新家具，而不必支付垃圾清理或家具回收的费用。这是一个零成本摆脱旧家具的好方法。

其三，我不必弄清楚如何在一个我几乎听不懂语言的国外为房子准备家具，而且我除了工作几乎没有其他时间。这样我就可以专注于工作而不是安排生活起居。

其四，父母已经在我西班牙的住处预订了三个月的房间，这会在他们拜访欧洲时节省很多钱——我是说，拜访我。

其五，按照我们家的理财哲学，我会把钱放进退休储蓄账户留起来，而不是把所有的钱都花在买便宜家具上，而且这些家具并不比我父母给我的好多少。

最后，“继承”二手家具帮我维持充满朴素品位的朴素生活方式。当然，我可以去顶级的家具店买最好的定制设计款，但我为什么要这么做呢？

道格
生活方式的选择

无论你家的年轻人是否在高中毕业后去攻读学位，你都希望找到让他们管理更大金额财富的方法。你在帮助他们提高财务技能。

也许他们想要在中专或第一份工作时在家里多住一年。（在妈妈的地下室？）与其让他们交房租，不如希望他们加大Roth个人养老金账户的供款或让他们的401K储蓄账户做雇主全额匹配。弄清楚，并不是你在补贴他们的生活。你要确保他们现在（当他们年轻时）投资于退休供款计划并获得数十年的复利（到他们年纪大时）。让他们在小时候探索复利增长对他们来说太重要了。

像大人一样管理大额财富是一个很棒的教育机会，如果你想让他们成熟地处理大额财富而不会耽误他们成长或是把他们惯坏。如果他们为了新的奢侈生活而挥霍掉你的财务支持，那么你应该停止资助并让他们从中吸取成长的教训，你可能要好几年后才考虑给他们送礼物。当他们接受你的教育并成为睿智理财的成年人时，他们就会实现自己的目标，比如最大限度地提高Roth个人养老金账户的供款。

你的年轻人一旦攒够了一笔保证金并找到了几个室友来分担大部分房租，就会从你的地下室搬出去。也许他们甚至会攒下一笔首付买一套房子或复式公寓，然后把额外的卧室租给室友。你的经济支持可以让他们的房地产投资创业生涯一跃而起。

当朴素的年轻人追求高储蓄率并看到他们的投资涨到了六位数时，他们会对自我价值增加更多信心。虽然他们仍然只有20多岁，但他们开始将心态转向丰足而不是稀缺。他们开始觉得："机会遍地都是！"而不是生活在恐惧中："如果我丢掉了工作该怎么办？！”他们采取内部控制而不是感觉被外部因素侵害。他们设定“我可以学习更多并且工作更努力”这样的目标，而不是感觉无助：“通胀才让我不成功的！”

讽刺的是，管理大额与不断增长的财富也有助于帮成年人抵制为了更多钱而牺牲生命的诱惑。他们真的想要在一家公司奉献好多年就为了一笔丰厚的留任奖金吗？想一想为什么一家公司会突然变得这么好？真的需要参加所有的加班吗？储蓄和投资让你的年轻人拥有谈判奖金的选择权（“仅仅这些钱并不值得我降低生活质量”）而不是生活在恐惧中（“天啊！我必须要接受这笔钱和这份三年期合约——这样我就可以偿还信用卡了”）。他们不会强迫自己用更多的时间去换取更多的金钱，而是会找到自己追求更好生活的动力。

他们可以通过调到其他部门去提升收入与储蓄率，或者会在一家公司找到一份可以为他们的更高价值而支付更多薪水的新工作，甚至可能会认为最好的控制财富和时间的方式是自己创业。

当他们自己做决策时，就会走出自己的路。当他们发现自己的资产净值在高储蓄收益下增长时，就会避免生活方式的扩张。他们将真切地明白财富自由的价值，并且将选择从公司单调的工作中逃离。

财富自由赋予他们选择权，而且他们只会为了意愿而工作，而不是因为不得不。

总结
高中毕业后的几年

一个年轻人在高中毕业后的最初几年里——无论是空档期，还是去读大学或中专，都可以获得一些残酷的人生教训。

当你的孩子们张开独立的翅膀准备离开家时，这可能是你最后通过财务危机去教育他们的机会。他们在家里也许仍会犯财务错误，但几周后他们会跟你聊这些问题。无论你从他们那里听到什么，这都是你保持沟通顺畅的机会。

他们试图在你价值观的基础上培养自己的个性，而不是挑战你们。我们父母可能也有自己的挑战，那就是在我们的孩子成长为大人的过程中保持开放的心态。

这是你与成年后的孩子相处的新机会，而不仅仅是作为父亲和母亲这个身份。好的消息是，你不必再忍受那么多的青少年闹剧、焦虑与荷尔蒙。另一个消息是，当他们进入社会时，你可能不能再与他们一起生活了。

本章要点

- 给你 18 岁的孩子写一封信。
- 开立他们自己的支票账户和信用卡。
- 激励你的孩子管理他们的教育基金（一学期一次）。
- 鼓励年轻人通过在大学里赚钱学习创业技能。

第九章

成年人的父母

“欢迎来到成人的世界！虽然很差劲，但你会爱上它的！”

——莫妮卡·伊莱（Monica Gellar），电视剧《老友记》

本章金融术语与概念

- 在避免贫困的同时拥抱节俭。
- 达到并且维持高储蓄率。
- 投资与复利增长。

道格
与你家年轻人的新关系

在上一章节中我们提到想要女儿把我们视为导师和生活教练，而不是“爸爸妈妈”。

那真是一个彻底的失败。在大学毕业后的几年，女儿给我找了一位非常出色的女婿。现在有人叫我们双份的“爸爸妈妈”了，我感到从来都没有过的自豪。

幸运的是,我们可以身兼双重身份。我们永远都会是父母,但我们也深入到了导师阶段。

大学刚毕业，我们就开始了非正式的生活辅导研讨会。我们的女儿是一位非常成功的大学教育基金管理人，而且我们仍有一些在她毕业时到期的健康基金。我们答应过她会分享利润，并且从一大笔钱开始：2.8 万美元。这是税法规定的年度礼品费的可扣除上限。

在 2014 年之前，我们已经摆脱了大衰退的影响，我们的投资组合也表现卓越。很明显，我们4%收益的安全取款率计划（见附录B）运行良好，而且我们会有足够的财富为下一代留下一笔遗产。

我们决定不仅分摊大学教育基金的收益，还要在大家都在的时候商讨一下这笔钱。2.8万美元对于一个大学将要毕业的21岁年轻人来说是很大一笔钱，但我们知道军队也会给她差不多这么多钱。这是她享受财富“哇噻效果”的机会，也是她感受情绪和责任感并利用所学的理财技能做出最佳决策的机会。

每个父母都想要确信他们给孩子们传授了获得成功的技能。然而我们知道，2.8万美元也可以为一辆闪亮的全新野马GT敞篷车支付十足的首付。如果我们的女儿打算抛弃她对财务负责的所有习惯而屈服于诱惑，那么我们宁愿现在就知晓。

这看起来是一次非常安全的试探。我们知道她曾如何使用她401K储蓄计划里的钱，也知道她大学里如何买车。我们很确信她可以合理利用这份礼物——而她确实也做到了。

她遵从我们的建议把这笔钱用来将她的401K储蓄计划和Roth个人养老储蓄计划供款最大化，并且在她的应急基金和应税投资账户里存更多的钱。

这也为我们展示了一个“父母说什么”与“孩子听到什么”的例子。卡罗尔对我们这些建议的理解程度远超预期，她卓越的成就大大加速了她的财务目标的完成。

女儿自从中学时就开始听我们说教，我是说，强调财富自由的数学原理的讲解。如果你投资总收入的 40%（很有挑战的一笔钱！）于高权益类投资组合，那么你将在 20 年内达成财富自由。

当女儿开始在海军服役并且调动到她在西班牙罗塔港的第一艘船上时，她在一个安全的街区租了一所非常体面的房子。她经常骑自行车去基地（西班牙人习惯骑自行车）。她在基地和当地的市场花钱很节俭。在冬天，她甚至不在家里开暖气。她花了很多时间学习工作并获得上船的资格，船航行了很久，所以她的大部分娱乐活动都是与船上的朋友在国外港口共进晚餐。

当我们去看她时，对她的节俭成果感到震惊。她工作很忙没有多少自由时间，但她显然享受这种异常充实的生活。她还觉得她可以赢得这个节俭挑战，尤其是在船上辛苦工作以后。她谈到会把这 2.8 万美元的礼物按照我们的建议做投资，但她没有多说用她的军队工资做了什么。

在一年后的一次偶然的财务探讨中，我才意识到她不仅仅把那 2.8 万美元都存起来了，而且还进一步把 40% 的海军收入也存了起来。她的总储蓄率超过了 60%。她像登上了助推火箭般开始飞向财富自由的旅途。

她不仅理解了财富自由的数学原理，她还会比她的父母更早达成财富自由！

显然，我们培养出了一位睿智理财的成年人，她不会住回我们的地下室了。[①] 更棒的是，她已经将她的“初始继承”财富增长到了比她50多岁时继承这笔遗产更大的金额。

卡罗尔
从“像修道士一样生活”变成“像海军少尉一样生活”

父亲在他写的部分里经常提到的建议是“过俭朴的生活，而不是贫困的生活”。节俭而不是贫困，始终是关键。有人可能会争论对于普通人来说，修道士或任何其他的宗教的生活是否可以看作一种贫困的生活。虽然任何人出于需要都可以像修道士一样生活几年（比如加速偿还学生贷款），几年以后，也可能会诱发抑郁。

美国海军的最低委任的军官军衔是“O-1”军衔，名为“Ensign”，在美国其他非海军部门也被称为“Second Lieutenant”[②]。现在的海军少尉每年税前年薪大概是6万美元，对于实际上没有工作和生活经验的大学毕业生来说是一个非常棒的起薪。一旦一名海军少尉最大限度地为他们的节俭储蓄计划（TSP，相当于401K）和他的Roth个人养老金账户供款，并缴纳了他们的税款（假设他们缴纳给美国各级政府的总税

---

① 卡罗尔的笔记：如果有一天住回父母的地下室绝对是非常难堪的……好吧，他们其实并没有地下室！这是一种不可能的选择！

② 美国海军少尉英文名字为“Ensign”，其他非海军部门的少尉英文名字为“Second Lieutenant”。

率为 20%），他们每年大约剩下 2.3 万美元，用于支付住房、衣服、食物、交通和“娱乐费”。

年收入：6 万美元

总收入所得税（20% × 6 万美元）：1.2 万美元

401K 或节俭储蓄计划供款（2019 年）：1.9 万美元

养老储蓄金账户供款（2019 年）：0.6 万美元

退休金储蓄总额：1.9 万美元 + 0.6 万美元 = 2.5 万美元

储蓄率（只算退休金）：2.5 万美元 ÷ 6 万美元 = 41.67%

结余：6 万美元 –1.2 万美元 –1.9 万美元 – 0.6 万美元 = 2.3 万美元

如果他们每年把没有用来支付生活费的5000美元（2.3万-1.8万）节省下来，那么他们的年储蓄率实际上是50%，而不仅仅是41.67%。

虽然结余 2.3 万美元看起来少，但有很多好处。首先，因为少尉用尽了他们的节俭储蓄计划和养老金储蓄账户额度，他们已经每年税前存了 2.5 万美元，轻而易举拥有了 41.67% 的储蓄率。此外，由于 401K 计划的一项内置功能，雇员与雇主的供款金额需要相匹配，于是他们的退休储蓄增加了几千美元。目光锐利的金融专家也将会注意到少尉并不需要花费 2.3 万美元来支付上述开支。根据该地区的生活成本，海军少尉只要在家做饭、采用便宜的交通工具（如自行车）、共享网络和其他娱乐休闲服务（为数不多的可以多人分摊的公共设施费用）、合租以降低住房开销（一种以租养贷的形式），每年只需花费 1.8 万美元（大约每月 1500 美元）。这意味着一个海军少尉理论上可以节省 2.3 万美元中的一部分用来作为应急资金，也可以用于投资。这也意味着海军少尉的储蓄率实际上高于 41.67%。如果他们每年把没有用来支付生活费的 5000 美元(2.3 万 –1.8 万)节省下来，那么他们的年储蓄率实际上是 50%，而不仅仅是 41.67%。

如果海军少尉拿到了奖金或者升职了呢？这个少尉可以仍然按照之前的方式生活，越久越好。那意味着这个前海军少尉没有把工资涨幅（假设 1.3 万美元 / 年）或奖金（假设 1.5 万美元 / 年）花掉，也没有过一种更加富裕的生活方式。相反，这个前海军少尉是把额外的钱直接存起来或用于投资，而且仍然像没有升职、没有奖金那样生活。结果，这位前海军少尉把储蓄率从 41.67% 提升到了 50%，甚至可能高达 70%，而不必放弃或改变他们的生活方式或去找个副业。在复利的奇迹下，初始存下来的几千美元会在退休的时候变成上百万美元，而那时海军少尉已经 59.5 岁，可以开始提取税优基金而不会被罚款。

同样，像海军少尉一样生活的概念是提倡节俭，而不是贫困。如果一个人结婚了，也许是时候摆脱室友的共享生活方式，为这对夫妇找一个新住处了。如果有了孩子，那么增加的餐饮与照料支出也许超出了一个少尉的负担能力。如果少尉的生活方式对于你的家庭来说有些捉襟见肘，那么就应该开始停止“O-1”少尉的生活，且开始过“O-2”中尉的生活，中尉每年税前多赚1.3万美元。如果中尉的生活对于一位少校和成长中的家庭来说有点困难，那么就可以开始过上尉（税前工资比少尉多2万美元）的生活，以此类推。总之，他们可以尽可能长时间地继续最大化他们的退休储蓄，这意味着他们可以更快地实现财富自由。

像少尉一样生活纯粹是一个选择，但是像很多财务选择一样，这是你的选择，而且是一个十分强大的选择。你也许会发现你享受少尉生活带来的安全感；你也许会发现一个新的乐趣，就是观察你储蓄账户增长到新的不敢想象的数额；你也许会发现一种自由的感觉，即不必理会额外的事务或意外的维护。

苏西·欧曼（Suze Orman）有句名言：“先人，后钱，再东西。”通过实践“像少尉一样生活的理念”，人们自然会首先为生活中的重要人物——他们的家人，改变他们的生活方式。

道格
让你家年轻人的投资有一个好的开端

我必须首先承认：因为我们的女儿毕业后没有背上学生

贷款，所以这加速了她的财富自由进程。

这很容易被称为一种特权。作为一名财商作家，也是一名家长，我能敏锐地意识到女性和少数群体想要成功时所要面对的社会障碍。当你的孩子高中毕业后，奖学金和勤工俭学项目可能还不够。我们认识到在某些职业领域，学生贷款可能是必要的。如果是那样，高储蓄率对于偿还债务和积累财富来说同等重要。

如果卡罗尔决定把钱用来深造，比如读研究生或者医学院，那么就会花光大学教育基金里的钱，没有钱剩下做利润分享了。与其选择学生贷款，我们更鼓励她勤工俭学，申请奖学金，或者为了读更高的学位而工作攒几年钱。

如果不考虑你家年轻人的选择，一个高储蓄率可以加速他们通往财富自由的路程。它是一种节俭的生活方式与对更高收入的永恒追求的结合，无论这份更高的收入是来自工作培训、晋升、换工作或是转换职业赛道。

财务独立需要投资也需要偿还债务。作为父母，你比孩子以及过去几年的你更懂得复利增长的作用。复利意味着年轻人要在还清债务的同时也要为财富自由做投资，两者同等重要。一旦你家的毕业生建立了一个小型应急基金，他们绝对需要尽可能多地投资于401K储蓄计划，才能赚取与雇主相匹配的供款。如果他们想以比最低还款更快的速度还清学生债务，那么他们应该想办法赚更多钱，而不是简单地拆分他们的投资。无论是在工作中获得晋升，还是开始兼职，他们都必须在把结余的钱偿还债务之前，为退休做最低金额的供款。

一个高的储蓄率可以克服通往财富自由道路上的诸多挑战。虽然那些钱投资在激进的资金组合中会增值更快，但它们也会变得更加波动。投资者可以通过选择低费用率的被动管理股票指数基金将其他风险最小化。哪怕他们想尝试其他基金甚至选择个别股票，但在我的概念里，最必要的基金，一个是全股市指数基金，另一个是全债券市场基金。最好的方法是把那些尝试控制在资产配置的10%以内。如果他们是睿智的投资者，它可以足够大到获取收益；如果他们不是睿智的投资者，那么它也可以将损失降到最低。

资产配置的关键是可以在晚上睡大觉的同时对抗通货膨胀。然而我们是人类，行为金融心理学的情感总是试图凌驾于数学和逻辑之上。我以为我们只要读得足够多、学得足够多，就可以对投资波动泰然处之，但对于大多数新手投资者来说，最好的办法是选择一种资产配置，从工资里自动供款，然后尝试忽略财经新闻。可以阅读关于投资的书籍和网站，也可以听财经广播、观看视频，但不要看CNBC。

你家的年轻人必须知道他们的容忍度和舒适区，你可以帮他们用适合的方式长大成人。年轻的打工人应该尝试将至少70%的投资配置到股票上，如果他们的工资收入看起来稳定可靠，那么就可以配置更高比例。如果他们担心失业，那么就可以多准备一些应急基金，而不是更保守地投资。激进资产配置带来的长期回报值得以付出短期波动为代价。你对市场波动和经济衰退的经验可以帮助他们建立自己的经验。

经验是让我们自信投资的最佳方式，而教育则是让我们晚上睡得香的次最佳方式。

卡罗尔
没人有时间吗？

我的高储蓄率纯粹是因为我确实没有时间花钱。

当我是大一新生时，我因为要学习的太多而几乎没有时间看电视。作为一名美国海军的新少尉，我被分配到一艘被誉为“重负荷舰队”的船上，每周工作6天，一晚上几乎都睡不够6小时，甚至在周末和假期也是这样。用“很忙”来描述我海军生涯的前两年都显得太轻描淡写了。好消息是，对于最近毕业的大学生来说，我的薪水很不错，只是我几乎没有时间花钱。

当你几乎没有时间睡觉，生活里的所有优先级都改变了时，根本不在意家里的家具是什么样子，只想要冲个澡、穿着睡衣吃一顿快餐，然后睡觉。同样的，我不关注最新的热门剧是什么（《权力的游戏》），只想在我回去工作前能多睡1小时。我不关心最新的服装和交通流行趋势，我只想要干净的适合工作穿着的衣服和一辆可以载着我出行的结实的自行车或小汽车。

哪怕我几乎没有时间，但我仍然关注着我的银行账户余额。我要确定每个月拿到的薪水是否正确，转入其他银行的401K储蓄账户和其他投资账户的自动转账金额是否正确，并且要确保我所有的信用卡账单都按时自动还款。然后我把剩下的钱转到同一个我每个月都自动供款的共同基金。就像钱胡子先生在他著名的博客[①]里说的那样，我把我的钱变成可以为我赚更多钱的我自己的工作军团。如果我工作很久很辛苦，那么我的钱会和我一样也会工作很久很辛苦。

当我最终被安排到一个工作时间短一些的而且驻扎在陆地上的新任务地后，我的生活方式几乎没有改变。我没有去挥霍购物，也没有买新的玩具。不过我确实买了一台“新的”二手车，但那是因为我原来的二手车真的太旧了。

虽然我仍然工作很长时间，但我很开心。这种幸福感并不是来自储蓄账户里的大额存款，也不是因为现金的增长。这种幸福感来自心灵的平和与我可以驾驭现实世界的确信。这种幸福感来自对我早期投资将要赚取满满收益并且可以保障我退休生活的认知。我意识到我有多珍视这种幸福感和安全感，以及它们带给我的诸多喜悦。我决心坚持尽量多、尽量长久地存钱。

另一个巨大启示是我现在是一个绝对的被动投资者。在我

---

① “你的钱可以比你工作更辛苦。”（“Your Money Can Work Harder Than You Can.”）钱胡子先生，2012年1月30日。

开始工作之初，还没有每天工作那么长时间的时候，就像我父亲前面提到的，我让父亲和其他朋友推荐股票市场基金分配。一旦我找到并登记了这样配置的共同基金，我会在工资和共同基金之间设置自动转存，还在我的现金存款与购买股票之间设置了自动买入程序。我会每个月至少一次检查银行账户，但我几个月都不会看一次我的投资账户。当然，我会时不时地登录基金账户来确保一切顺畅，确实一直是这样。

现在，相对于我，我先生是一个更加积极的投资者。当他开始储蓄和投资时（大约就是我们从普通见面变成认真约会以后），他对股市趋势与世界经济之间的关系非常感兴趣。他喜欢一边跟踪财经报道一边做研究。他每半年会对他的投资组合做一次轻微调整，而且检查每天余额的改变，而我则几年都不调整而且不关心每天的财经时事。虽然我领先于他进入投资领域，但我先生更加睿智的投资组合和我的投资组合表现得一样好。.

总结
当你家的年轻人离开了家庭的庇护

当你家的年轻人离开了家庭的庇护，他们的生活水准也会变化。帮助他们理解朴素与贫困的区别。朴素是有挑战且充满满足的，而不是牺牲，就像赢的感觉。贫困对于短期目标是有用的但并不长久。

一个较高的储蓄率将克服许多较小的错误。复利在早期很难观察到，但在5～10年后你会看到巨大的增长。最重要的财务优化决策是结婚、买或租个房子、交通工具和食物。坚持减少生活中的浪费但不要因为小错误而烦恼。

我们爱家人，但我们父母不应该用我们的退休金支付孩子的教育费用。退休时是没有奖学金的，而且我们也不愿意工作更长时间！更重要的是，年轻人不愿意损害父母的财务安全或不得不在老了以后还补贴他们。

你可以通过与他们讨论你自己的遗产规划而帮助年轻的孩子们避免许多家庭压力。不要仅仅是写下来并且放到“紧急事务”文件夹里。分享你的所思所想或举办家庭讨论会从而帮助他们弄懂如何完善财务规划。以身作则是一个非常棒的可以继续你自己的教导和辅导工作的方法。

本章要点

- 过朴素的生活（跟踪开销，避免浪费），而不是贫困。
- 达到并维持高储蓄率。
- 选择一种资产分配并且让它持续得越久越好。

第十章

家族财富与遗产规划

“我会给我孩子们足够多的钱，让他们觉得可以做任何事情，但不是多到让他们什么都不做。”

——沃伦·巴菲特（Warren Buffett）

本章金融术语与概念

- 遗产规划。
- 赠予与继承。
- 指引并辅导下一代实现财富自由。

道格

在你仍可以讨论的时候做好理财

当你在教你的家人理财时，并不只是关系到下一代——同样也关系到你自己。你的孩子们必须自信地管理他们的财富，因为总有一天他们也许不得不帮你理财。你也想要他们对自己被委托人的责任感到安心，而不会对管理其他人的资产感兴趣。

我们的女儿很不好养活，她没有兄弟姐妹也许是其中一个原因。我们都有兄弟姐妹，而且我们自己非常了解手足之争。不管我们小时候与兄弟们争吵得有多厉害，在许多年以后的现在，我们都可以抛开分歧而共同努力。

我们不能帮你调和不能避免的手足之争，但我们十分确信更多的家庭沟通就意味着更少的混乱。你如果能更好地管理对孩子的预期，那么你就可以告诉孩子们关于你的资产的更多事情，从而让你的孩子们可以在时机来临的时候准备得更加好。

我是在我父母患阿尔茨海默病的时候懂得这些的。他从来没与我们进行过财务讨论，而总是说：“我很好，孩子们！”他甚至从来不准备列出他的银行账户和资产的“紧急情况”文件夹，更别提为我们准备委托书了。在阿尔茨海默病患者的认知里，“不”这个字成为他的词汇表中最简单的答案。在他不能独立生活的 18 个月后，我花了好几个小时搜寻他的账户列表和密码。我不仅在接下来的 6 年里在没有他的任何指引的情况下，管理着他的财产，而且我一直都在寻找其他的隐藏资产（wayward assets）。

我花了 6 个月的时间用来准备他的长期护理保险的理赔文件，也花了近 4000 美元用来通过神经心理学的考试，以此证明我们已经了解他得了阿尔茨海默病，后来又花了 10 个月的时间以及超过 6000 美元的律师费获得管理父亲资产的法律许可。法院任命我和弟弟为父亲的监护人和保管人时，我们已经花了将近 25 000 美元来照顾父亲。

我们用父亲的账户报销了这笔钱，但我们用接下来的 6 年时间准备了更多的法律报告。我们不仅要照顾父亲，还不得不时刻关注父亲的账户并且向遗嘱检察院汇报每一分每一厘的收益和支出。除了照顾老人的这些压力，还有法院施加的额外压力，同时我们还担心我们可能随时被“解雇”。

幸好，我们兄弟俩达成共识并且配合愉快。我都可以想象到，如果我们兄弟俩缺少理财技能或有冲突，那么照料父亲将要花费更多的心力和物力。

在你需要帮助时，你之前传授给孩子的财务管理技能可以让他们随时准备好，而且你可以确信他们了解你的计划和需求。当你照顾家庭并且处理不可避免的手足冲突时，你要鼓励集体协作，你要避免让子女在每年团聚或节日聚餐的时候也想要彼此竞争，你要花大量的时间制订家庭规则并且让所有人都理解你为什么要做这样的决定。

你可以给每个孩子同样的零花钱（与年龄相符的金额）与同样的财务激励（“每个人在做工作赚钱之前都必须完成他们的家务”）。你可以尝试将生日礼物和假日礼物平等分配。你甚至可以平均分配你与每个孩子在一起的时间，哪怕你知道某个孩子也许需要更多时间。

大学教育基金、成人礼物甚至遗产也都是这样。

也许你的每个孩子在大学的时候都拿到了相同的钱，不管他们学习的是工程学还是自由艺术。假设他们想上大学，那无论是社区大学还是藤校，都可以拿到同样的资金支持。无论某个读医学院或商学院的孩子是否拿到了奖学金等额外的钱，或者他们中的某个人想要休学一年，甚至辍学创业。

我唯一的建议就是公开一些家庭财务状况，给他们解释多少钱是大学教育基金，并且给他们分配相同的钱数。他们会自己挑选学校、专业和奖学金，会自己决定究竟是读中专、休学一年还是去攻读法律学位。

到了他们 20 多岁的时候，你就可以知道他们管理大额资金的能力，也可以知道谁喜欢攒钱、谁喜欢花钱或谁善于投资。你将仍然会帮助他们学习如何管理他们的收入并且克服他们的弱点。

这时也应该开始与他们探讨你的退休金了，并且帮他们了解你是如何为退休后的生活做财务打算的。相信我，他们不想为你如何用投资支持退休后的生活和他们是否需要照料你而感到烦扰。你也不想让他们有一天意识到你那么有钱或那么穷困，还有你是如何管理金钱的。

卡罗尔

“这一大笔钱。”

“爸爸妈妈，你们有多少钱？”

我不记得第一次问这个问题的时候是多大，但我记得我确实是在读小学并且当我最终发现父母有可能很富有时问了这个问题。甚至在我父母退休之前，我只知道我的家庭比那些没有住所的家庭要好一些，但并没有像住海边别墅的家庭那样富有。我们当然不与巴菲特与比尔·盖茨那般富有，但我们也不贫困。至少，我不认为我们富有或贫困。

父母一开始的回答让孩子们很失望:“我们的钱够花。”“够花”是什么意思呢？我们是偷偷地有钱而你们不告诉我吗？还是我们实际上很穷而你们不愿意让我知道？“富有”与“贫困”究竟是多少钱呢？

父母回答以后的探讨是非常重要的。在探讨中，他们给了我衡量财富的定性方法：他们有足够的钱供我读大学并且在他们有生之年留住房子；他们有足够的钱可以在几年后提前退休，并且退休后环游世界；但他们也不会出去买一艘快艇或顶级跑车。无论他们的财务状况如何，都不会影响他们对我的爱。有一天，他们会告诉我"这一大笔钱"——他们所有资产的总值。

在我读初中、高中和大学的那些年，"这一大笔钱"逐渐地显露出具体金额。当我爷爷住进护理院，父母给我说"这一大笔钱"足够支持他们在护理院里居住十几年甚至更久；当父母来西班牙看我并住在我家的那几个月，他们本可以在市里用"这一大笔钱"租一所当地的房子或公寓。但当我无论何时何地都愿意让他们在我家想住多久就住多久时，让他们租房就变得没有什么意义了。[①]

在我确认自己是一个有成功事业的成功成年人时，父母最终告诉了我"这一大笔钱"是多少。虽然我知道了准确数额，但我没有惊讶。父母和我预期的一样富有，因为他们工作了20年，从事专业的工作，领取专业的薪水。这一大笔钱足够他们在护理院里度过比我想象得还要长的时间。我从不担心也不需要担心他们如何负担退休后的时光。我发现这一大笔钱没有让我吃惊，也没有让我感到天崩地裂，只有真的平静。

① 我也应该指出我的父母在他们来西班牙看我的时候也帮我做了很多。他们并没有表示出那种"我让你在我们家住了17年，因此我们也理应住在你这里"的态度。相反，他们帮我做家务并修补房子。他们帮我的房子进行"深度清洁"，挂照片、去杂货店买东西、做一些小修补或者我来不及做的购物跑腿。妈妈说西班牙语比我好，所以她可以与我的房东太太交流更复杂的话题，比如更换厨房的炉子或者问可以在哪里挂照片。他们做的这些小事对我很重要，我会一直欢迎他们再来。

但正如我母亲在经历了一段激动人心的军旅生涯后说过的一句名言:“无聊是好事。”

道格
与你的成年子女做遗产规划

我父亲由于阿尔茨海默病离世，由我处理他的遗产。我通过经验了解到金融机构和保险公司如何分配所爱之人的资产，以及他们的规则是如何保护遗产和继承人的。我再一次特别想与父亲讨论他的受益人选择以及遗产方案。

虽然我已经财富自由并且已经享受了16年的退休生活，但我57岁那年继承的这笔遗产同样富有意义。我真希望父亲能把这笔钱花在他自己身上，或者选择捐给慈善机构一大部分，但不可否认的是，他在20年的财富自由时间里做着他自己想做的事情。当我回忆我们的生活方式时，我知道他认为自己所拥有的金钱超出他所需要的。

我从父亲那里继承的那部分遗产足以为我的长期护理提供保障。这笔钱存在个人（应税）账户，并全部投资于股市指数基金中，费用比率非常低。这笔投资的表现很波动，但我希望我至少20年都用不到它。这是一种激进的资产配置，而且理应比通胀增长得还快。更好的是，它可以支付我的长期护理保险费，而不会迫使我的护理人化解与保险公司争论的压力。

最好的是，遗产继承是一个不可思议的教育机会，可以教年轻人管理几十万美元的财富。

在我完成了父亲的资产分配并且填写完了所有的税务表格后，我和我太太也认真地考虑了我们自己的遗产规划。我们女儿那个时候 25 岁左右，我和太太上次更新遗嘱的时候，她还只有 18 岁。

她已经知道我们想让她在我们过世后管理我们的遗产。一旦我们失能，我们想要她照顾我们而不必承受经济和行政事务方面的压力。

我们的研究引发了一系列关于指定账户受益人的讨论，比如“死亡即转”与“亡时付款”。许多州甚至还提供一种“死亡转移契约”。这些工具都非常有用，但这些都只能在我们身故以后才开始生效。

但如果我们失能了呢？

在经过诸多研究并且和律师沟通好几个小时以后，我们在遗产方案里添加了永久授权律师与一份可撤销信托。所有的文件花费不到 6000 美元，这与向遗嘱检察院争取我父亲财产的管理权比起来要省钱得多，而且省了太多的时间。如果我和太太突然失能，我们的女儿就可以立即拿到法律授权获得我父亲留下来的遗产，而不会被耽搁或应对太多官僚制度。我们也把她设立为我们的可撤销生前信托的共同受托人，因此她拥有管理我们所有资产的法律权力。她还被信托以及州立法许可作为我们的受托人，她可以在不需要法庭监督和昂贵法律诉讼的情况下做出符合我们最大利益的决定。

可撤销生前信托也是一个避免遗产遗嘱公证费与掌控遗产分配的非常有效的工具。共同受托人以及继任受托人可以为失能的成年人、败家子和未成年人做决定。信托可以被很容易地设计成保护委托人（我和太太）而不是让我们的受托人更容易地照顾我们。

我们在女儿身上寄予厚望，我们相信她可以处理好——这本书的前几个章节展示了我们在她的财商知识和管理大笔资金的能力上投入了多少精力。

我和太太也明白，我们的女儿当然也可以辜负我们的信任而用我们的资产给她谋取私利。如果真发生那种不太可能发生的极端事件，我们仍有社会保障金与我们的军队养老金来照顾我们。不论我们的遗嘱计划变得多糟糕，下个月我们都可以得到一笔新收入。

更重要的是，当我们仍在四处打听并提出其他想法的时候，我们就与卡罗尔探讨过我们的方案。我们将持续用信件和电子邮件更新我们的遗嘱，让她可以在她代表我们做选择的时候做参考。如果有那一天，我们想让她可以更简单方便地照顾我们，而且她具备管理我们和她自己遗产的能力。

卡罗尔

遗产税方案

父母从来不为税的问题抱怨，就像他们愿意为国效力一样，他们也同样开心地缴纳税款。也许因为他们是退伍老兵，也许因为我们是移民的后代，而且我们的家族史充满了令人难忘的故事，这些证明了我们的生活有多么美好。我们当然可以将收入的 20% 返还给这个可以持续让这种生活成为现实的特别的国家。

另外，他们没有任何理由付遗产税。对于我们家来说，为什么要转移一大部分遗产（已经通过毕生努力赚取并且纳过税的钱）？当它转移到其他人手中时要再次被课税。肯定有更好的方法可以为后代保留终身财富。

最极端的不用支付遗产税的方法是在身无分文时死去。但那本身就是一种风险赌博，因为很多年长的美国人需要那笔钱来支付在养老院、医院的费用，甚至是在生命接近终点时的临终关怀费用。你不能指望任何其他的资产（一辆名车、家庭住宅和祖传珠宝）可以支付这笔开销。那么如何确保遗产在不被意外挥霍和不缴纳遗产税的情况下得以传承呢？

答案是：在孩子法律上成年后就尽早地开始把你的财富给到他们，但前提是你愿意。

现在的联邦法律允许每个家长给每个成年孩子 15 000 美元 / 年的免税赠予。那意味着每个孩子每年可以从两位父母那里收取 30 000 美元的免税赠予。在一个有很多儿女与孙辈的家庭，很容易发现如何利用每年的免税赠予帮助遗产降低到免税额以内（或者降低到 0）。一些州设置的免税遗产额为 100 万美元，然而联邦遗产免税额是 1100 万美元多一点。

赠予子女的另外一个优势是时间。如果一个孩子在年轻时收到他们的（祖）父母赠予的财产，孩子能做的最明智的事情就是转身立即将这笔赠予投资到一个激进的股票投资组合或类似 529 账户[①]中。这笔（祖）父母积攒的钱会继续在儿女（或孙辈）的人生中增值。想象一下，1 美元会在两个或三个生命周期的投资与复利中增长到多少。在孩子 20 岁的时候给他们一笔免税赠予，相对于在孩子 50 岁或更大的年纪时给他们一笔应税遗产，税费上会更便宜，而且对于传承“家族财富”来说更加有益。

赠予有很多形式。除了现金，我们还可以赠予股票、证券投资组合和其他财产，总值是每位父母 15 000 美元 / 年。赠予的是股票本身，而不是将股票套现，以避免缴纳这笔赠予的资本利得税，保证你的孩子们可以持续从股息中获益。你的孩子们在他们套现股票的时候将不得不支付资本利得税，但那是其他时候的交易了。

那么赠予的钱从哪里来？我们建议你从你家庭的利润分享计划开始，包括大学毕业后在 529 账户里剩下的钱、节省下来的课本费以及其他尚未从计划里支付的部分。总而言之，是你的孩子已经帮助家里省下的那笔钱。如果余额巨大，那么每年通过赠予还给他们股份就是一件很合理的事情。从那以后，你可以选择下一个最合乎逻辑的礼物送给你的孩子，

① 529 账户是一个提供税收和财政援助福利的投资账户。529 账户用于支付符合资格的教育费用是免税的。——译者注

也就是你认为的下一个最好的礼物。

我们也建议改变你们家的内部财务结构。还记得为了帮助像我这样的孩子了解基本的理财知识而成立的卡罗尔银行吗？当然，我已经长大成人，而且我比卡罗尔银行教给我的基础原理懂得更多。银行没有对我完全关上大门，卡罗尔银行演变成了我们现在所说的“M&D 财商辅导基金会”——不是一个真的基金会，它是一个像卡罗尔银行一样的虚拟机构，它可以为父母提供更多“进阶的”免费服务与建议，如税务、账户转换、慈善捐赠、高级投资工具、遗产规划以及大量其他孩子与成年人都想要掌握的财富话题。M&D 财商辅导基金会里的许多主题是为了以后，即当长大的孩子们离开家开始工作和新生活，并且准备回到 M&D 讨论遗产与子女（孙辈）等的时候。

道格
“这些钱究竟是哪来的？！”

到现在为止，你可能想知道那些父母从哪里找到钱来给他们的孩子。我可以向你保证，我和太太与沃伦·巴菲特或比尔·盖茨不是亲戚（我是认真的，我们查过）。你也可能会想，“当然了，如果我也只有一个孩子，也许就有多余的钱来赠予了！”关于这个，你可能是对的。

所有这些财富都是不同选择带来的结果，剩下的就交给复利增长吧。我和太太在大学（军校）获得了奖学金，然后在接下来 20 多年的职业生涯中刻苦工作。在 2000 年我们的年收入才刚达到六位数，此后不久我们就不再为赚钱而工作了。

我们的高储蓄率是由于我们坚持不断地优化我们的开支。如果我们感觉浪费钱了，我们就试图通过自己动手或找到一种不用它的方式来解决。我们确实生活朴素，但我们也能确保良好的生活质量而且避免陷入贫困。当我们削减开销时，会把节省下来的钱用于投资。我们一路走来也犯了不少错误，比如买房子与用我们的投资基金支付高额费率。然而我们的高储蓄率战胜了所有错误。

在我们退休后，复利收益仍然持续。4% 安全取款率（SWR）[①] 的成功比例为你提供了在财富自由后积累财富的诸多选择。尽管经历了两次严重的经济衰退和熊市，我们充实的生活方式仍让我们的财富继续以高于通胀的速度增长。

我们还记得，我们从身无分文的大学生开始了我们长大成人后的生活。我们厌倦了那种生活，而且我们的态度带来了更好的选择。当你开始做出明智的财务选择时，你的复利增长也将开始对你产生作用。这种增长起初很难察觉，但第一个十年的增长将极大地加速第二个十年的净资产增长。

当我们在 1982 年开始工作的时候，财富自由运动并不存在，然而我们在 20 年内就实现了财富自由。现如今，互联网

① 安全取款率（SWR）是退休人员可以确定他们每年可以从账户中取多少钱而不会在生命结束前耗尽账户资金的一种方法。——译者注

上提供很多被广泛接受的数学原理和诸多理财工具，当你应用这些工具为你做出明智的选择时，你的净资产会加速增长而且你将会实现自己的财富自由。

总结
为下一代进行财富保护与传承

遗产规划建立在两代人之间的信任与开放沟通的基础上。

你可以通过与他们谈论你自己的遗产规划和一些“如果怎样就该怎样应对”的情景来帮助你的已成年孩子避免承受巨大的家庭压力。

不要只是把遗产规划写下来而且放进“紧急情况”文件夹内。最好向他们说出你的想法，比如举办一次家庭会议，以帮助他们理解如何完成。这也是一个非常棒的言传身教的方法。

本章要点

- 与你的继承人谈论你的遗产规划，从而让他们理解你的意图。
- 考虑把赠予当作实践大额财富管理的方式。
- 在你还可以讨论财富的时候，指引和辅导你的年轻人。

APPENDIX A | 附录A

睿智理财家庭的儿童 401K 储蓄账户

我们在第五章讲到了儿童 401K 储蓄账户。这个表格展示了复利对一系列每个月增长 1%（每年 12%）的存款会产生怎样的作用。你可以将这个表格用于你的家庭，或者你可以使用复利计算器来设定你自己这一系列存款的收益率。

这个表格（下文所示）从孩子 8 岁生日开始，而且假设他们在一年 52 个星期里，每星期供款 3 美元的零花钱，父母每周匹配的供款金额为 4.16 美元，并且这笔钱按照月复利增长。

所有表格上的数字反映的是年度总额的年初价值。孩子庆祝 8 岁生日时的账户余额是 0 而且供款从那时开始。在第一年年末，他们的供款与父母匹配的供款共达到了 372 美元。第一年利息仅缓慢增长了 25 美元，但是在接下来的几年里加速增长。

到了孩子 16 岁生日，稳定的供款就增长到了 5000 多美元。

这里是表格的内置数据。

- 12% 年利率（每月利息为 1%）。
- 孩子供款额为 13 美元 / 月（每周供款 3 美元）。

- 家长匹配供款为 18 美元 / 月（每周仅 4 美元多一些）。
- 每年总供款额为（13+18）×12=372（美元）。

年龄	年供款	总供款	总收益	余额
8	0	0	0	0
9	372.00	372.00	25.09	397.09
10	372.00	744.00	100.54	844.54
11	372.00	1116.00	232.74	1348.74
12	372.00	1488.00	428.88	1916.88
13	372.00	1860.00	697.08	2557.08
14	372.00	2232.00	1046.47	3278.47
15	372.00	2604.00	1487.35	4091.35
16	372.00	2976.00	2031.32	5007.32

APPENDIX B | 附录B

4% 安全取款率

我们将不会讨论达成财富自由的细节。关于财富自由的研究与分析网上到处都是，而且我们的研究章节可以将你送向未知世界。但是我们将分享最好的忠告：4% 安全取款率。

它包括两部分。

（1）当你的资产达到你年开支的 25 倍时（4%=1/25），就标志着你实现了财富自由。这是你可以从此不再依赖于工作所得的拐点。

（2）你可以在第一年年初提取资产总值的 4% 来开始你的财富自由生活。此后每年，你都可以根据通货膨胀率提高取款比例。

尽管有少许失败案例，4% 的安全取款率模拟计算器可以展示这笔投资够你使用至少 30 年的统计支持。尽管没有足够的股市数据可以为这个结果提供统计支撑，但你的这笔投资也许会为你提供至少 60 年的资金支持。

人们不关注成功率，更担心失败。

这里有一些针对失败的解决方案，尽管不太可能发生失败。

4% 的安全取款率研究并不包括社会保险金的收入或其他

年金（比如养老金）。你的投资几乎肯定可以支撑到你的最低社会保障年龄，然后通货膨胀调整年金将会让你的投资组合复原。对于一些美国人来说，社会保障金也许是你唯一需要的长寿年金。

因为很容易为那些计算模拟编写程序。4% 的安全取款率研究显示，每年的支出会随着通胀增长，然而人类却不是安全取款率机器人。我们可以利用可变支出来提高投资组合的剩余数额。

当经济衰退来临时，你会暂缓巨大开销（比如一次憧憬的旅行或换一辆车），甚至也会暂时地削减每月的娱乐开支。你也许会烦恼，但你不会陷入贫困。

当经济复苏，你的投资增长会比通胀或你的支出高得多，那个增长会为下一次衰退重建你投资组合的生存能力盈余。

哪怕在你实现财富自由的第一个十年有一次或两次经济衰退，然后在第二个十年间，你的投资大概率仍将快速获益从而将你实际的取款率（你最新的年花销除以最新的资产价值）降低到 4% 以下。

如果一次全面的大萧条卷土重来，那么可变支出将帮助你的投资组合撑下去（可变支出只对大萧条的其中一小部分来说是必要的）。如果这次新的萧条更严重，那么你的可变支出将可以缓解每年提取的压力，在经济灾难来临的头一两年之前，你甚至不需要开始调整可变支出。你会发现问题来自遥远的未来，你只需要削减一点就可以避免失败。

你甚至可以找一份兼职工作，有了4%的安全取款率，你也许只需要每周工作10小时就可以每年赚取1万美元左右。你也许只需要工作6 ~ 12个月。经济衰退有着非常高的失业率，但那些兼职工作到处都是，因为虽然失业的工人想要全职工作，但企业主无法负担全职工资。

但是如果你实现了财富自由而且多工作一两年让你的取款率降低到4%以下，那看起来很容易，对吧？这种逻辑陷阱非常普遍，以至于有一个诊断名词：仅再多一年（JOMY）综合征。

“仅再多一年”看起来很棒，因为4%安全取款率已经足够好，而且一小笔年金就可以保证那个计划不会失败。

更重要的是，是否值得再工作一年来减轻你的稀缺压力，让你晚上睡得更好呢？尽管工作压力更大，与家人相处的时间更少，用生命换取额外的钱会让你感觉好些吗？

只有你能回答这个行为经济学问题。数学与4%安全取款率的研究表明你在浪费时间。

从4%的安全取款率开始，或许再加上一点年金收入与可变支出，你的投资将足够维持你的一生所需。你也会拥有足够多的财富来传给下一代。你可以一次性给出这笔遗产，也可以在多年的时间里每次一点地把它分发出去。

这就是你如何才能帮助你的睿智理财家庭实现财富自由。

这也是我们编写本书的原因。

Epilogue | 后记

卡罗尔·皮特纳一家人的选择

当我写这本书的时候，我和先生马上就要30岁了，我们结婚近4年而且我们正在等待第一个宝宝的降临。大学[①]毕业的同一年，我们都在美国海军服役了5年。当我写这本书时，我从“全职”现役转到了“兼职”预备役，然而我先生仍然是现役。我们家也搬到了一个生活成本更高的街区，这意味着我先生作为现役成员的军队津贴也增加了。但总的来说，由于我的转职，我们的家庭年收入从去年的近16万美元跌落到今年的10万美元。

我从现役转成预备役对我们来说是一个必要的改变和重要的选择。我先生非常喜欢他的工作与长时间的工作要求，但我还在全职时，我觉得我在天黑后或下班回家后的大部分时间都非常沮丧……这究竟是为什么呢？有一次，我的办公室（一艘船）转移到了距离我们家20英里的地方，隔着一条禁止骑自行车的桥隧，这意味着我每天要花额外1～2小时

---

① 我的父母和丈夫都毕业于美国海军学院，他们都强烈认为这“不是大学”。然而，由于我们毕业时都获得了理科学士学位，所以理论上讲，我们都是大学生。这是军队服役学院的事。

开车上下班，而且让汽车里程表的数字增长了许多。由于新的据点停车位非常有限而且不安全，我必须每天早上要在4点15分起床，才能在8点开始工作前“避开高峰期”并且抢到车位。我在家里明显更加筋疲力尽，而且我发现自己由于工作中的不满变得越来越压抑。

虽然我现在的兼职状态让家庭收入大幅削减，但是我们同时也削减了开支。当我们俩都是全职工作时，我们总是为了节省时间而“用钱解决问题”。比如我们上下班要开两辆车而不是骑自行车或乘坐公交车，我们晚上会瘫坐在沙发里，一边看我们新买的电影一边吃着刚送到的外卖。当我们考虑要孩子的时候，我们也被日托班的巨大成本和日托班数年的等待列表,以及我们由于工作任务的增加而减少的自由时间吓坏了。我们坚信，家庭、健康、时间和我们的幸福必须要排在首位。

因此，当我现在成为预备役成员和一位家庭主妇以及作家时，我们过上了更快乐且健康的生活。我有时间在家做饭、清洁、维护房子、照顾孩子（们），甚至有时间与父亲跨越不同的时区写这本书。每当出现问题——我先生下班晚了、家里有东西坏了或者孩子们出了什么事情，我都能随时随地处理，我的存在让问题变得成本更低且更容易解决。此外，因为我几乎随时随地都可以工作，所以我们搬到了离我先生办公室更近的地方，这意味着他又可以骑自行车上班了，甚至还可以在基地的健身房锻炼。由于我们两个都不需要经常开车，我们又换了一台成本更低的节能家庭车，这样，我们同时也降低了油费、保险费和保养费，而且还减少了我们上下班的时间。总之，我们在车上的开销变得只有之前的40%，我们的车也没有整天停在有可能会被人闯入的停车场或车库里，没有快速贬值，这让我更开心了。

我每年的收入只有1万美元左右，这让我很难最大化我的退休储蓄金供款，但我们可以通过在其他领域省钱而弥补这种改变。我们仍然在我先生的退休金账户里做最大供款，把我可怜的收入存进我的退休金账户，甚至还向我们的投资账户里转了一些钱。

我也非常感谢我在服役期间存下了这么多钱。虽然现在我无法将我的退休储蓄金供款最大化，而且我的收入也遭遇大幅下降，但我过去5年存在Roth个人养老金账户和节俭储蓄计划里的钱会持续增长。

还有一个遗留问题：我们何时可以实现财富自由？理论上我们已经在27岁实现了——我们的“一大笔钱”足够满足我们朴素的生活方式就好了，甚至包括我们最新的家庭成员。但我和先生仍然还没有做我们想在军队里做的任何事情，也没有找到我们抚养孩子长大时想要安居的街区。我们的投资组合也不适合全面退休，因为我们还没有做好退休的准备。因此现阶段，我们决定要继续留在军队度过至少数年时间，以调整我们的资产组合，并且看看我们未来的军事任务会把我们带到哪里。

最重要的是，我们有更多时间在一起度过，而且那是我们的无价之宝。